JN040731

口絵1　オゾンによるインゲンマメの
　　　葉の可視障害 [1.1.4項参照]
左：オゾン耐性品種 R123，右：オゾ
ン感受性品種 S156.

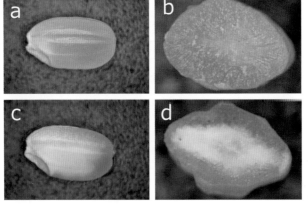

口絵2　オゾンによる米品質へ
　　　の影響（Sawada *et al.*,
　　　2016）[1.4.6項参照]
外気（a, b）およびオゾン暴露
（c, d）下で栽培されたコシヒ
カリの白米．(a, c) 白米の外
観および (b, d) 割断面の実
体顕微鏡写真．オゾン暴露に
より米の内部が白濁している．

口絵3　葉面に沈着した粒子の回収の様子 [2.2.4項参照]
（a）水およびクロロホルムで葉を順次洗浄，（b）洗浄液の濾過，（c）濾紙上に捕集された BC 粒子などの
葉面沈着粒子．

高温不稔
（籾に実が入っていない）

コシヒカリ

白未熟粒

胴割れ
登熟初期の高温で多発

口絵 4 高温による不稔
籾の多発と白未
熟粒や胴割れ米
の増加［4.1.3 項
参照］

正常　　　　　　　着色不良

口絵 5 高温によるブドウの着色障害（農林水産省農林水産技術会議，2007）［4.1.3 項参照］

口絵 6 小笠原父島で突発的に起きた干ばつ
により乾燥障害を受けた固有樹種シ
マイスノキ（石田 厚撮影，2019 年 3
月）［4.2.5 項参照］

大気環境と植物

伊豆田 猛 ［編著］

朝倉書店

編著者

<ruby>伊<rt>い</rt></ruby><ruby>豆<rt>ず</rt></ruby><ruby>田<rt>た</rt></ruby>　<ruby>猛<rt>たけし</rt></ruby>　東京農工大学大学院農学研究院

執筆者

<ruby>青<rt>あお</rt></ruby><ruby>野<rt>の</rt></ruby><ruby>光<rt>みつ</rt></ruby><ruby>子<rt>こ</rt></ruby>　国立環境研究所生物・生態系
環境研究センター

<ruby>石<rt>いし</rt></ruby><ruby>田<rt>だ</rt></ruby>　<ruby>厚<rt>あつし</rt></ruby>　京都大学生態学研究センター

<ruby>北<rt>きた</rt></ruby><ruby>尾<rt>お</rt></ruby><ruby>光<rt>みつ</rt></ruby><ruby>俊<rt>とし</rt></ruby>　森林総合研究所北海道支所

<ruby>黄<rt>き</rt></ruby><ruby>瀬<rt>のせ</rt></ruby><ruby>佳<rt>よし</rt></ruby><ruby>之<rt>ゆき</rt></ruby>　山梨大学生命環境学部

<ruby>佐<rt>さ</rt></ruby><ruby>治<rt>じ</rt></ruby>　<ruby>光<rt>ひかる</rt></ruby>　国立環境研究所生物・生態系
環境研究センター

<ruby>佐<rt>さ</rt></ruby><ruby>瀬<rt>せ</rt></ruby><ruby>裕<rt>ひろ</rt></ruby><ruby>之<rt>ゆき</rt></ruby>　アジア大気汚染研究センター

<ruby>高<rt>たか</rt></ruby><ruby>木<rt>ぎ</rt></ruby><ruby>健<rt>けん</rt></ruby><ruby>太<rt>た</rt></ruby><ruby>郎<rt>ろう</rt></ruby>　北海道大学北方生物圏フィー
ルド科学センター

<ruby>玉<rt>たま</rt></ruby><ruby>置<rt>おき</rt></ruby><ruby>雅<rt>まさ</rt></ruby><ruby>紀<rt>のり</rt></ruby>　国立環境研究所福島支部

<ruby>徳<rt>とく</rt></ruby><ruby>地<rt>ち</rt></ruby><ruby>直<rt>なお</rt></ruby><ruby>子<rt>こ</rt></ruby>　京都大学フィールド科学教育
研究センター

<ruby>中<rt>なか</rt></ruby><ruby>路<rt>じ</rt></ruby><ruby>達<rt>たつ</rt></ruby><ruby>郎<rt>ろう</rt></ruby>　北海道大学北方生物圏フィー
ルド科学センター

<ruby>増<rt>ます</rt></ruby><ruby>冨<rt>とみ</rt></ruby><ruby>祐<rt>ゆう</rt></ruby><ruby>司<rt>じ</rt></ruby>　国立環境研究所気候変動適応
センター

<ruby>松<rt>まつ</rt></ruby><ruby>田<rt>だ</rt></ruby><ruby>和<rt>かず</rt></ruby><ruby>秀<rt>ひで</rt></ruby>　東京農工大学農学部

<ruby>松<rt>まつ</rt></ruby><ruby>村<rt>むら</rt></ruby><ruby>秀<rt>ひで</rt></ruby><ruby>幸<rt>ゆき</rt></ruby>　電力中央研究所環境科学研究
所

<ruby>山<rt>やま</rt></ruby><ruby>口<rt>ぐち</rt></ruby><ruby>真<rt>まさ</rt></ruby><ruby>弘<rt>ひろ</rt></ruby>　長崎大学環境科学部

<ruby>米<rt>よね</rt></ruby><ruby>倉<rt>くら</rt></ruby><ruby>哲<rt>てつ</rt></ruby><ruby>志<rt>し</rt></ruby>　埼玉県環境科学国際センター

<ruby>渡<rt>わた</rt></ruby><ruby>辺<rt>なべ</rt></ruby>　<ruby>誠<rt>まこと</rt></ruby>　東京農工大学大学院農学研究
院

（五十音順）

はじめに

　本書の編著者は，1982 年 6 月に卒業研究を行うために大気環境学研究室に所属して以来，東京農工大学農学部で植物に対する大気環境ストレスの影響とそのメカニズムなどに関する研究を 40 年近く続けてきた．大気環境や植物に興味を持ったきっかけや理由は忘れてしまったが，通っていた小学校では夏の蒸し暑い日に光化学スモッグによって水泳やサッカー部の練習が中止になり，小さな校庭の片隅に藤棚と菖蒲がきれいな池があったことはなぜか鮮明に覚えている．そんな小学生時代から半世紀の時が過ぎたが，相変わらず，光化学オキシダントの主成分であるオゾンによる大気汚染とその植物影響は世界的に深刻な大気環境問題である．

　編著者は 1989 年 4 月に東京農工大学に奉職し，1990 年代は酸性雨などの酸性降下物やそれによる土壌酸性化の樹木影響を研究したが，現在でも酸性降下物の樹木影響や大気からの過剰な窒素沈着による森林生態系の窒素飽和とその樹木被害などが懸念されている．21 世紀が始まってすでに 20 年ほど経つが，大気 CO_2 濃度は年々増加し続け，とうとう 400 ppm を超えてしまった．大気 CO_2 濃度の上昇に伴って温暖化が年々進行し，毎年，史上最高の年平均気温が更新されている．そのため，世界中の植物が温暖化やそれに伴う水ストレスなどの影響を受けていることが予想される．さらに，2013 年 1 月に中国における微小粒子状物質（$PM_{2.5}$）による深刻な大気汚染が問題となり，日本への越境大気汚染が大きく報道され，深刻な環境問題となった．編著者らは，2008 年から $PM_{2.5}$ の植物影響に関する研究を始めたが，現時点において植物に対する $PM_{2.5}$ の影響に関する知見は世界的にも極めて限られている．したがって，21 世紀における大気環境ストレスが植物に及ぼす影響とそのメカニズムを解明し，植物被害を回避するために被害発現メカニズムに基づいた対策を一刻も早く実行していく必要がある．

　本書では，第一線で活躍されている編著者の教え子や共同研究者の方々に，光化学オキシダントの主成分であるオゾン，エアロゾル，酸性降下物，温暖化などの大気環境ストレスの植物影響に関する知見をまとめていただき，環境ストレス

の植物影響の評価法を解説していただいた．本書は，大気環境やその植物影響などに興味がある大学生や大学院生を主な対象としているが，一般の方々や環境行政に携わる方々にも読んでいただきたいと考えている．本書が大気環境とその植物影響を理解するための手引書になってくれれば幸いである．

　本書の出版にあたって，ご尽力をいただいた朝倉書店の方々に感謝する．編著者は，当初，1978 年 8 月 25 日に朝倉書店から出版された『環境植物学』（田崎忠良 編著）の新版を作りたいと思い，本書の構想を始めた．田崎忠良先生（故人）は，編著者の出身研究室の初代教授であり，様々な機会にご指導とご助言をいただいたため，その教えは本書に多々活かされている．また，様々なご指導をいただいた編著者の恩師である戸塚 績先生（元東京農工大学教授，元酸性雨研究センター所長）をはじめ，大気環境学会植物分科会の皆様に心から感謝申し上げる．さらに，編著者の学生時代の恩師である森田茂廣先生（元東京農工大学教授，故人），船田 周先生（元東京農工大学教授，故人），三宅 博先生（元東京農工大学助教授，元名古屋大学教授）に心から感謝申し上げる．さらに，東京農工大学農学部環境資源科学科の伊豆田研究室の卒業生と在学生，そして編著者の家族に感謝する．

　　　2020 年 9 月 2 日

　　　　　　　　　　　　　　　　　　　　　　　　　　　伊豆田　猛

目　　次

第1章

植物に対するオゾンの影響

1.1 農作物に対するオゾンの影響

1.1.1 はじめに

オゾン（O₃）は光化学オキシダントの大部分を占めるガス状大気汚染物質であり，光化学スモッグの原因となる．工場や自動車などから大気中に排出された一次汚染物質である窒素酸化物（NOₓ）が太陽光線に含まれる紫外線を受けて光化学反応を起こして生成される二次生成物質であり，その生成には非メタン炭化水素（non-methane hydrocarbons: NMHC）などの揮発性有機化合物（volatile organic compounds: VOC）も大きくかかわっている．我が国においては光化学オキシダントの環境基準が1時間値で0.06 ppm 以下であることと定められているが，全国的にもまったく達成されていない．さらに，0.12 ppm 以上が継続することが見込まれる場合には光化学スモッグ注意報が発令され，健康被害への注意喚起がなされる．オゾンは酸化力が強いという化学的性質をもつため，人間の健康被害だけでなく，植物に対してもさまざまな悪影響を及ぼす．本節では，オゾンが，農作物に及ぼす影響について解説する．

1.1.2 オゾンの農作物影響の歴史

オゾンの農作物被害は，アメリカ合衆国において1940年代半ばより発生したと考えられており，1944年のロサンゼルス地域のスモッグによる植物被害にオゾンの関与が指摘された．また，1954年より南カリフォルニア地域で発生していたブドウ葉の褐色斑点症状がオゾンによって生じていたことが初めて報告された．同時期に，ノースカロライナ州などの東部地域で生産していたタバコの白色斑点症状の原因がオゾンであることが人工暴露実験によって確認された．これ以降，オゾンによる農作物への被害が顕在化し，全米各地で被害が確認されるようになった．

　一方，ヨーロッパでは，1970年代においてオゾンによる葉の可視的な障害（可視障害）が確認されるようになった．1980年には，高濃度オゾンが発生した後にハツカダイコンやエンドウマメの葉に可視障害の発生が報告されている．

　我が国においては，1965年頃より近畿，中国，四国地方でタバコの葉に原因不明の斑点状の可視障害が確認されはじめた．1969年頃には関東地方から南の地域のタバコの葉に同様の可視障害が発現し，その被害程度とオゾン濃度との関係が確認されたのが日本で最初のオゾンの農作物被害であるとされている．その後，1970年7月17日に，東京都杉並区の東京立正高校においてグラウンドで運動をしていた多くの学生が目の痛みや呼吸困難を訴えた．この原因が光化学オキシダント（オゾン）であり，これ以降，光化学オキシダントの健康影響が注目されはじめた．オゾンによる農作物被害も同様に1970年代初頭に全国各地で顕在化しており，東京や千葉などの関東地方においてもオゾンによる葉の可視障害の発現が，イネ，ネギ，コマツナ，サントウサイ，シュンギク，サトイモ，トウモロコシなどさまざまな農作物で観察されるようになった．そのため，農作物へのオゾンの影響評価に関する調査・研究が数多く行われるようになり，1970～1980年代は非常に精力的に行われた．1990年代以降になると光化学スモッグの発生頻度も減少傾向を示し，社会的な注目が減るにともないオゾンの植物影響にかかわる研究規模の縮小や研究実施者の減少がみられる．

　しかしながら，現在の都市域におけるオゾンは植物に悪影響を発現させるに十分な大気濃度レベルである．また，都市域における高濃度オゾンの発現に関する改善が示唆されているが，1時間値の日最高濃度の年平均値は増加傾向にある．あわせて，東アジア諸国からの越境大気汚染などの影響もあり，オゾン汚染地域は国内でも広域化する傾向にある．また，オゾンは，短寿命気候汚染物質（short-lived climate pollutants: SLCPs）ともよばれ，大気中での化学的な寿命が比較的短いが，温室効果の特性を強くもっている物質でもある．さらに，今後，温暖化によってオゾンの生成が促進されると考えられており，この温暖化の進行によってオゾン濃度が10 ppb程度上昇するとの予測もある．このように，温暖化の影響だけでも，近い将来に1970年代に匹敵する高濃度オゾンの出現が危惧される．すなわち，オゾンの植物被害は決して過去のものではなく，現在，そして将来にわたって農作物はオゾンの悪影響を受けるリスクが十分にある．また，我が国や欧米だけでなく，中国やインドなどのアジア諸国においても農作物に対するオゾン

の影響がきわめて深刻な環境問題の1つになっている．なお，日本におけるオゾンの植物影響研究の動向はYonekura and Izuta（2017）などにもまとめられている．

1.1.3 オゾンの農作物への影響

ガス状大気汚染物質の中で，一般的に植物毒性がもっとも高いのがフッ化水素（HF）であり，ペルオキシアセチルナイトレート（peroxyacetyl nitrate: PAN），オゾン，二酸化硫黄（SO_2），二酸化窒素（NO_2）の順に毒性が高いと考えられており，オゾンの植物毒性は非常に高いほうに分類される．

1.1.4 葉の可視障害

農作物が比較的高濃度のオゾンにさらされると，葉に可視障害が発現することがある．日本の都市域の調査によると，オゾン感受性が高い作物は，日最高のオゾン濃度が60 ～ 90 ppbを記録したときに，しばしば可視障害が観察されている．オゾンによる可視障害は成熟葉や比較的古い葉に生じやすく，主に葉の上表面に発生する．また，症状は農作物の種類によって異なっている．たとえば，ハツカダイコン，ホウレンソウ，タバコ，アサガオなどの草本植物では，葉脈間に微小な白色斑点や漂白斑を生ずる．この症状は，オゾンによって主に葉の柵状組織細胞がダメージを受けて細胞壁が変化し，細胞が崩壊し，その崩壊した部分に空気が充満したため生じると考えられている．一方，多くのイネ科やマメ科の植物に発現する可視障害は，褐色または赤褐色の斑点である．これは，柵状組織の壊死

オゾン除去 オゾン添加

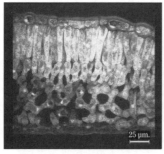 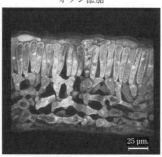

図1.1　オゾンによる葉の組織への影響
バーは25 µm.

表1.1　農作物の葉の可視障害の発現に対するオゾン感受性の種間差

オゾン感受性*	農作物
高い （日最高濃度 100 ppb）	タバコ，オクラ，ホウレンソウ，ハツカダイコン，サトイモ，ラッカセイ，インゲンマメなど
中程度 （日最高濃度 100 ～ 150 ppb）	イネ，キュウリ，トマト，ジャガイモ，ミツバ，レタス，トウモロコシなど
低い （日最高濃度 150 ～ 200 ppb）	ニンジン，ソバ，ゴマ，パセリなど
きわめて低い （可視障害が出にくい）	キャベツ，カリフラワー，ブロッコリー，タマネギ，シソ，ショウガ，フキ，ウド，カボチャ，メロン，イチゴなど

＊オゾン感受性は，括弧内の日最高オゾン濃度で可視障害が認められたことより判断している．

した細胞に赤褐色などの色素が蓄積し，細胞内が着色して生じたと考えられている．図1.1は葉の断面を示しているが，オゾンにさらされた葉は柵状組織などの一部が壊れていることがわかる．なお，オゾンにさらされた葉の厚さは薄いが，この症状もオゾンによって現れる症状の1つである．また，図1.2はオゾン耐性が異なるインゲンマメの2品種の葉

図1.2　オゾンによるインゲンマメの葉の可視障害
［口絵1参照］
左：オゾン耐性品種 R123，右：オゾン感受性品種 S156.

を示しているが，オゾン感受性品種において褐色の可視障害が発現している．

　葉の可視障害発現に基づいたオゾン感受性は，作物種によって異なる．農作物の葉の可視障害発現の種間差は，表1.1のようにまとめられる．また，コマツナ，ホウレンソウ，ジャガイモ，ラッカセイ，イネなどにおいては，品種によって葉の可視障害の発現程度が異なる．

1.1.5　葉の生理機能に対する影響

　オゾンは気孔を介して葉内に吸収され，海綿状組織などの細胞壁と細胞膜の間に存在する細胞外空間の水溶液に溶ける．溶け込んだオゾンは，葉細胞内で活性酸素種（reactive oxygen species: ROS）を生成する．活性酸素種とは，酸素分子がより反応性の高い化合物に変化したものの総称で，スーパーオキシド

（superoxide: O_2^-），過酸化水素（hydrogen peroxide: H_2O_2），ヒドロキシラジカル（hydroxyl radical: ・OH）などがあり，葉内で酸化剤として作用しさまざまな悪影響を及ぼす．アポプラストに入ったオゾンによって生成された活性酸素種の一部は，アポプラスト溶液内の主要な抗酸化物質であるアスコルビン酸によって消去（解毒）されるが，この解毒は多くても1～4割程度であると考えられている．そのため，オゾンによる活性酸素種の生成は，原形質膜，細胞質，細胞小器官である葉緑体やミトコンドリアなどで酸化ストレスを引き起こす．葉の活性酸素消去系において，スーパーオキシドはスーパーオキシドジスムターゼ（superoxide dismutase: SOD）によって，過酸化水素はカタラーゼやペルオキシダーゼのような抗酸化酵素によってある程度消去される．しかしながら，消去されなかったオゾンによる活性酸素種の蓄積によって，クロロフィルなどの色素の分解，タンパク質の分解，膜脂質の過酸化による分解，DNAの開裂などが引き起こされる．農作物の抗酸化物質の含量やそれに関連した酵素活性がオゾンによって上昇する報告はいくつもあり，高濃度オゾンにさらされたホウレンソウの葉におけるアスコルビン酸ペルオキシダーゼやグルタチオンレダクターゼなどの活性の増加やイネ葉の抗酸化物質（アスコルビン酸やグルタチオン）の濃度の増加などが報告されている．このような抗酸化酵素の活性上昇や抗酸化物質の濃度増加は，オゾンに対する防御作用の1つであると考えられる．

　オゾンは，葉緑体における光合成機能を阻害する．オゾンにさらされた植物で観察される初期反応として，純光合成速度の低下がある．この光合成速度を変化させる要因として，気孔の開度の変化が考えられる．オゾンの気孔開度への影響は，主に葉緑体の光合成活性によって調節されている葉内の二酸化炭素濃度の変化に依存していると考えられている．オゾンによる光合成速度の低下は，気孔閉鎖と葉緑体における光合成系の損傷によるものであるとの報告がある．オゾンによって葉緑体の光合成活性が低下すると，葉内の二酸化炭素濃度が高くなり，気孔閉鎖が引き起こされると考えられる．また，光合成系のオゾンによる損傷としては，光合成を行うために重要な色素であるクロロフィルやカルビン・ベンソン回路において二酸化炭素を固定する反応を触媒する酵素であるリブロース-1,5-ビスリン酸カルボキシラーゼ／オキシゲナーゼ（ribulose-1,5-bisphosphate corboxylase/oxygenase: Rubisco）の濃度や活性の低下が多くの植物で認められている．その他，さまざまなオゾン応答については1.4節もあわせて参照され

たい.

1.1.6 成長や収量への影響

オゾンは,さまざまな農作物の成長や
収量を低下させる.図 1.3 は,コマツナ
(品種:楽天)を埼玉県においてオープ
ントップチャンバーという装置でオゾン
を除去した空気を導入した区(浄化空気
区)と野外の空気をそのまま導入した区
(野外空気区)を設けて夏季に 1 カ月間
育成した結果である.このように,野外
空気区で育成したコマツナの成長はオゾ

図 1.3　コマツナの成長に対するオゾンの影響
昼の平均オゾン濃度:オゾン除去(10 ppb),野外
(52 ppb).

ンによって著しく低下した.また,図 1.4 は,3 段階のオゾン濃度に制御したオ
ープントップチャンバー内で育成したイネ(品種:コシヒカリ)の収量を示して
いる.このように,オゾン濃度の増加によって,イネの成長や収量の低下程度は
著しくなった.なお,オ　ープントップチャンバー実験とは,オープントップチャ
ンバーとよばれる一般に天蓋部のない植物育成用のチャンバーを野外に設置し,
チャンバー内に導入する空気のオゾン濃度を変化させ,その中で生育させた植物
の成長量などを比較することでオゾンの植物影響を評価する手法である.

日本においては,オゾンによる農作物の成長や収量の低下は,ハツカダイコン,
コマツナ,ダイズ,イネ,ジャガイモなどで報告されている.一般に,オゾンは

オゾン除去
(昼間の平均オゾン濃度 2 ppb)

野外のオゾン環境
(昼間の平均オゾン濃度 36 ppb)

野外 ×1.5 倍オゾン
(昼間の平均オゾン濃度 52 ppb)

  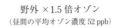 

オゾン除去区と比べ,
収量は約 13%減少

オゾン除去区と比べ,
収量は約 18%減少

図 1.4　イネの収量に対するオゾンの影響

農作物の各器官の成長を阻害し，葉の厚さを減少させる．また，葉や茎などの地上部に比べて，地下部（根）の成長を著しく阻害することが知られている．オゾンによって葉で生産された同化産物がほかの器官へ転流することが抑制されるが，とくに根への転流量が抑制される．これは，根などの非同化器官より同化器官である葉に同化産物を優先的に分配することによって，葉の成長を維持し，個体の成長効率のオゾンによる低下を防いでいると考えられている．その結果，地上部／地下部の乾重比は高くなる．さらに，イネなどの子実をつける農作物では，オゾンによって成長が低下する過程で，栄養成長期には光合成による同化産物の葉への転流を促進して葉の成長を維持し，生殖成長期では種子の形成と成長が維持されるように種子に同化産物の転流が促進されるといったオゾンに対する適応反応が認められている．また，最近では，量的形質を支配する遺伝子の場所に対するオゾンの影響を量的形質遺伝子座（quantitative trait locus: QTL）解析とよばれる手法を用いて検討されており，オゾンによるイネの収量低下に関与する遺伝子座が6番染色体の後方で同定され，穂の枝分かれの数に関連しており，オゾンによるこの遺伝子の発現によって枝梗数が減少することなどが報告されている．このようなオゾン応答の詳細については，1.4節に示されている．

　農作物の成長や収量に基づいたオゾン感受性には，種間差異や品種間差異が存在する．種間差異については，イネやトウモロコシに比べてワタ，春コムギ，ダイズは収量におけるオゾン感受性が高く，収量が低下しやすいとの報告がある．また，品種間差は，コマツナの成長やイネの収量においても認められている．たとえば，イネ（水稲）品種について，日本のイネ9品種とアメリカ，フィリピン，ベトナムなどのイネ7品種の収量に対するオゾンの影響を検討したところ，日本の品種でオゾンによる収量低下が比較的少なく，外国の品種に比べてオゾン感受性が低い傾向が認められた．このことはジャポニカ米に比べてインディカ米はオゾンの悪影響を受けやすいことを示唆している．また，日本のいろいろな農作物においても，品種間でオゾン感受性の差異が認められている．さらに，生育段階においても，農作物のオゾン感受性は変化する．たとえばダイズやイネのオゾン感受性は，栄養成長期に比べて生殖成長期で高いと考えられている．その一方で，オゾンによる葉の可視障害の程度と成長や収量の低下程度は必ずしも一致しない．たとえば，オゾンによる葉の可視障害の程度が大きくても，成長や収量の低下があまり認められない事例や葉の可視障害がほとんど認められなくても成長や収量

が大きく減少している事例などがある．

1.1.7　オゾンの農作物影響に関するリスク評価

　欧米では，オゾンの農作物影響に関するリスクを評価し，農作物に対するオゾンの環境基準値や指針値などを検討している．ここでは，主にヨーロッパにおける取り組みを紹介する．ヨーロッパでは，国連欧州経済委員会（United Nations Economic Commission for Europe: UNECE）のもとで，ICP-Vegetation とよばれる研究プログラムにおいて検討が行われてきており，オゾンの植物影響評価にクリティカルレベル（critical level）という概念を用いている．クリティカルレベルとは，「それ以上の濃度で存在すると植物，生態系などに対して直接的な悪影響を及ぼす大気汚染物質の限界濃度」と定義されており，農作物に対するオゾンのクリティカルレベルとして，「それ以下ならば，農作物に重大な悪影響が発現しないオゾンの暴露量あるいは吸収量」が用いられている．とくに「40 ppb を超える1時間値の積算値」がオゾン暴露指標値として採用され，AOT40（accumulated exposure over a threshold of 40 ppb）とよばれている．なお，本指標は 40 ppb を閾値としているが，閾値濃度以下のオゾンが植物に対して影響がないということではない．また，このリスク評価は，主にヨーロッパの主要な穀物であるコムギの収量を対象として検討されているものである．ヨーロッパ各国でさまざまな品種のコムギで実施されたオープントップチャンバー実験により，浄化空気区に

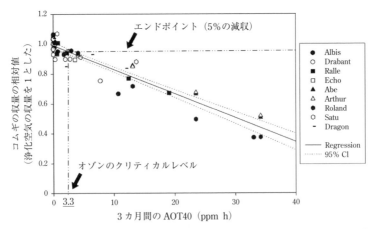

図1.5　ヨーロッパのコムギの収量と AOT40 との関係（UNECE（2017）より一部改変）
1 ppm = 1000 ppb.

対するオゾン区の相対収量（オゾン区の収量／浄化空気区の収量）とオゾンの
AOT40 との関係式が求められている（図1.5）．オゾンの AOT40 は，中央ヨー
ロッパでは農作物の成長期である5〜7月の3カ月間の昼間の積算値を用いる．
クリティカルレベルのエンドポイントとして，浄化空気区の収量に対して5%減
収を引き起こす AOT40 が用いられている．これにより，農作物のクリティカル
レベルは3 ppm h（3.3 ppm h を丸めた値）と設定された．同様に，園芸作物種
としてトマトを対象に，クリティカルレベルは3カ月間の AOT40 で8 ppm h が
提案されている．

　1.1.6項で紹介したイネの収量に対するオゾンの影響に関する実験結果に基づ
き，日本のイネの収量に対するクリティカルレベル（エンドポイントは5%減収）
を検討した結果，オゾン感受性が中庸であったコシヒカリにおいて100日間の
AOT40 で5.4 ppm h であった．この結果は，コムギのクリティカルレベル
3 ppm h よりも高く，1.1.6項で紹介したコムギに比べてイネのオゾン感受性が
低いという報告と合致するものであった．また，イネの収量に対するクリティカ
ルレベル（エンドポイントは5%減収）として，112日間の AOT30（30 ppb 以上
の積算ドース）で14 ppm h を提案している報告もある．

　ここまでのオゾンリスク評価による指針値などの検討には，AOT40 のような
濃度ベースのオゾン暴露指標値が用いられてきたが，ヨーロッパでは気孔を介し
た葉のオゾン吸収量に基づいて評価している．気孔フラックス（気孔を介した
葉のオゾン吸収量）として POD_Y が用いられているが，この POD_Y とは
Y nmol m^{-2} s^{-1} を閾値として，それ以上の速度で気孔を介して葉に吸収された
オゾンの積算量（phytotoxic ozone dose）である．農作物の5%減収をエンドポ
イントとしたフラックスベースのクリティカルレベルは，POD_6 に基づいており，
コムギで1.3 mmol m^{-2}（積算期間：有効積算温度が開花前200℃・日〜開花後
700℃・日），ジャガイモで3.8 mmol m^{-2}（積算期間：有効積算温度が発芽後
1130℃・日までの期間），トマトでは2.0 mmol m^{-2}（積算期間：有効積算温度が
250℃・日〜1500℃・日）とされている．なお，これらの指針値は新しい研究情
報をもとに定期的に見直しが進められており，最新の情報は ICP-Vegetation の
ホームページ（https://icpvegetation.ceh.ac.uk/）より得ることができる．

　これまで紹介してきたオゾン暴露指標と収量の応答関係式などの手法を用いて
各国の農作物の減収量も検討されている．たとえば，オゾンによって2010〜2012

年の世界のコムギの収量は，北半球で9.9％，南半球で6.2％低下したと推定されている．日本における検討例は少ないが，いくつかの関東地方のイネのオゾンによる減収率の推定によると，現状レベルのオゾンは清浄空気と比較し，関東地方のイネの収量を最大で10％程度低下させている可能性がある．

[米倉哲志・山口真弘・黄瀬佳之・伊豆田　猛]

■文献

米倉哲志（2016）大気環境学会誌，**51**，A57–A66.

UNECE（2017）Chapter 3: Mapping Critical Levels for Vegetation.
https://icpvegetation.ceh.ac.uk/sites/default/files/Chapter 3-Mapping critical levels for vegetation.pdf（2020年3月3日アクセス）

Yonekura, T. and Izuta, T.（2017）*Air Pollution Impacts on Plants in East Asia*（Izuta, T. eds），pp. 57–72，Springer.

1.2　樹木に対するオゾンの影響

1.2.1　は じ め に

日本は，森林面積が国土の約2/3を占め，世界の中でも森林面積率が高い国である．日本学術会議において，森林の機能として物質生産，土砂災害防止／土壌保全，水源涵養，生物多様性保全，地球環境保全，快適環境形成，保健・レクリエーションおよび文化の8個があげられている（表1.2）．これらは森林の多面的機能とよばれ，その中の一部は貨幣価値が算出されており，物質生産機能を除いても年間70兆円以上の経済効果をもたらしていると評価されている．また，森林と人とのかかわりを学ぶなど教育の場としてのはたらき（文化機能）や貴重な野

表1.2　森林の多面的機能（日本学術会議，2001）

機能	各機能の詳細
物質生産	木材，食料，工業原料，工芸原料
土砂災害防止／土壌保全	表面侵食防止，表層崩壊防止，雪崩防止，防風，防雪
水源涵養	洪水緩和，水資源貯留，水量調節，水質浄化
生物多様性保全	遺伝子保全，生物種保全，生態系保全
地球環境保全	地球温暖化の緩和，地球の気候の安定
快適環境形成	気候緩和，大気浄化，快適生活環境形成
保健・レクリエーション	療養，保養，行楽，スポーツ
文化	景観・風致，学習・教育，芸術，宗教・祭礼，伝統文化，地域の多様性維持

生動植物の生息の場としてのはたらき（生物多様性保全機能）など，経済効果の算出が困難な機能にも国民の期待が近年強くなっている．それらの機能を発揮するためには適切な森林施業が必要になる．一方，森林に対する対流圏オゾンや気候変動の影響が懸念されており，それらの影響への対策も必要であろう．本節では対流圏オゾンが樹木および森林の多面的機能に及ぼす影響を紹介し，樹木の保護のためのオゾンのクリティカルレベルを解説する．

1.2.2 葉の可視障害

広葉樹ではオゾンによって壊死した柵状組織の細胞に色素が蓄積し，葉の上面（向軸面）に赤褐色の斑点の可視障害を生じる．また，針葉樹の葉のように柵状組織と海綿状組織の区別がない場合は，葉に黄褐色の輪状斑点を生じる．

オゾンによる可視障害は，成熟葉や比較的古い葉が比較的高濃度のオゾンにさらされた際に発現しやすい．近年，中国のオゾン濃度はきわめて高く，北京およびその郊外のオゾン濃度は最大で約 200 ppb（nmol mol^{-1}）に達することがあり，シロマツ，シベリアニレおよびニワウルシなどでオゾンによる葉の可視障害が観察されている．ただし，オゾンによる葉の可視障害の発現のしやすさには樹種間差異があり，すべての樹種で可視障害が発現するわけではない．たとえば 100 ppb のオゾンを 3〜4 週間暴露した際に，ヤマブキでは可視障害が発現するが，スギでは発現しない．

1.2.3 成長に対する影響

これまでに樹木に対するオゾン暴露実験に関する膨大なデータが蓄積されており，それらを統合したメタ解析が行われている（表 1.3）．一般に，葉に可視障害が発現しないような比較的低濃度のオゾンでも，長期にわたって樹木にさらされると，その樹高，根元幹直径，葉面積および乾物成長が低下する．とくに，根（地下部）の乾重量は，オゾンによる影響を受けやすい．日本では，樹木に対するオゾン暴露実験によって，ブナやアカマツなどの多くの樹木の個体乾重量や地下部と地上部の乾重比（地下部乾重量／地上部乾重量）が現状レベルのオゾンによって低下することが報告されている．一方，スギやヒノキのように，現状レベルのオゾンでは個体乾重量が低下しない樹種もあり，成長におけるオゾン感受性には樹種間差異がある．16 樹種の個体乾重量と 40 ppb を超えるオゾン濃度の 1 時

表1.3　樹木の成長や個葉の生理的特徴に対するオゾン影響のメタ解析（Wittig *et al.*, 2009）

パラメータ	O₃による変化 （%）	95%信頼区間 （%）	自由度	［O₃］ （ppb）
樹高	− 9.7	−12.3 ～ − 6.9	225	95
根元幹直径	−10.1	−13.7 ～ − 6.5	82	81
葉面積	−20.2	−25.5 ～ −15.1	115	86
葉乾重量	−15.6	−18.9 ～ −12.3	336	95
地上部乾重量	−13.7	−16.0 ～ −11.3	370	100
根（地下部）乾重量	−18.9	−21.8 ～ −15.9	353	101
地下部 / 地上部 乾重比	− 6.4	− 8.4 ～ − 4.7	371	101
個体乾重量	−17.3	−19.9 ～ −14.7	406	97
純光合成速度	−18.6	−21.2 ～ −16.1	455	86
水蒸気気孔拡散コンダクタンス	− 9.6	−13.0 ～ − 6.2	276	91
蒸散速度	−13.2	−17.0 ～ − 9.1	104	76
暗呼吸速度	−16.5	−29.7 ～ − 2.9	56	75
窒素濃度	2.9	0.4 ～ 5.6	184	78
クロロフィル a+b 濃度	−12.2	−15.2 ～ − 9.3	176	76
クロロフィル a 濃度	−12.8	−17.2 ～ − 8.3	58	89
クロロフィル b 濃度	−10.6	−15.6 ～ − 5.6	52	87
クロロフィル a/b 濃度比	− 3.1	− 9.7 ～ 1.7	68	82
Rubisco 濃度	−27.7	−40.8 ～ −10.2	46	92
Rubisco 活性	−21.1	−28.4 ～ −12.1	58	154
ショ糖濃度	−15.0	34.4 6.4	48	62
デンプン濃度	1.6	−10.4 ～ 16.6	95	72

［O₃］：育成期間中の平均オゾン濃度.

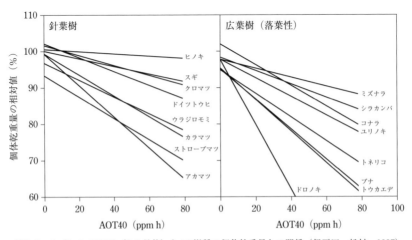

図1.6　オゾンの AOT40（6カ月値）と16樹種の個体乾重量との関係（伊豆田・松村, 1997）

間の積算値である AOT40（accumulated exposure over a threshold of X ppb: AOTX）との関係を解析した結果によると（図1.6），オゾン感受性はスギやヒノキなどで低かったが，アカマツ，ドロノキ，トウカエデおよびブナなどでは高かった．ただし，オゾンによる葉の可視障害が生じても成長低下が起こらないこともあり，可視障害発現に基づいたオゾン感受性と成長低下に基づいたオゾン感受性は必ずしも一致しない．

　一般に，植物に対するオゾンの悪影響の程度と関係があると考えられているオゾンの AOT40 や吸収量の算出においては，日中に大気中に存在するオゾンのみが考慮される．平地の水田や畑におけるオゾン濃度は夜間に低く，夜間における植物の気孔開度は日中と比較して著しく小さいため，夜間は気孔を介して葉内にオゾンはほとんど吸収されない．一方，山地では夜間においてもオゾン濃度が比較的高いため，森林を構成する樹木は夜間のオゾンの影響も受ける可能性がある．ヨーロッパシラカンバに対する時刻別オゾン暴露実験によると，夜間の気孔開度は日中の半分程度にもかかわらず，夜間オゾン暴露区では日中オゾン暴露区と同程度の成長低下を示した．したがって，森林の樹木においては夜間のオゾンの影響も無視できない可能性がある．

1.2.4　葉の生理機能に対する影響

　一般に，オゾンは葉の純光合成速度を低下させる（表1.3）．オゾンによる光合成低下には多くの要因がかかわっており，一因として気孔閉鎖にともなう細胞間隙 CO_2 濃度の低下があげられている．また，葉緑体における生化学的炭素固定能力の低下も関与しており，リブロース-1,5-ビスリン酸カルボキシラーゼ／オキシゲナーゼ（Rubisco）の濃度や活性，クロロフィル濃度，最大カルボキシル化速度および最大電子伝達速度などがオゾンによって低下する．さらに，気孔腔から葉緑体のストロマまでの CO_2 の拡散抵抗（葉肉抵抗）がオゾンによって増加することも報告されている．

　オゾンはミトコンドリアの暗呼吸速度にも影響を及ぼし，一般に暗呼吸速度はオゾンによって低下する（表1.3）．この原因として，呼吸に必要な糖がオゾンによって減少することが考えられている．一方，オゾンによって暗呼吸速度が上昇することも報告されており，この原因として，オゾンの解毒にかかわる酵素や抗酸化物質の生合成および障害からの回復に必要なエネルギーを呼吸によって得て

いることがあげられている.

　葉でつくられた光合成産物は各植物器官に分配され, 植物体の維持・構成に使われるが, その分配にオゾンは影響を与える. たとえば, オゾンは葉から師管への光合成産物の積み込みを阻害するため, とくに地下部の成長が悪くなる. その結果, 地下部と地上部の乾重比 (地下部乾重量 / 地上部乾重量) がオゾンによって低下するため (表1.3), 葉において水分や養分が不足気味になる可能性がある. とくに, 森林樹木においては, 農作物と異なり, 施肥や灌水が行われないため, 養分や水分の欠乏ストレスを受ける可能性がある. ただし, オゾンによって地下部に対して地上部の乾重量が重くなることは, 光合成器官である葉のバイオマスを維持することで, オゾンによる成長低下を防ぐ補償反応であるともいわれている.

　オゾンは, 純光合成速度と蒸散速度の比 (純光合成速度 / 蒸散速度) である葉の水利用効率 (water use efficiency: WUE) に影響を及ぼす. 一般に, 蒸散速度の決定要因である水蒸気気孔拡散コンダクタンスはオゾンによって低下する (表1.3). この原因は, 葉緑体の光合成活性の低下による細胞間隙 CO_2 濃度 (C_i) の上昇であることが多くの研究で報告されている. それに対して, ブナなどでは育成期間の後半にオゾンによって光合成活性が低下しているが, 気孔コンダクタンスは比較的高いことがあり, その結果として葉の水利用効率は低下する. また, オゾンは気孔の開閉速度を遅くするため, 本来気孔をすぐに閉じて蒸散を防がなければならない乾燥条件などでも気孔がゆっくり閉じ, 葉の水利用効率が低下することが報告されている.

　オゾンは, 純光合成速度と葉の窒素濃度の比 (純光合成速度 / 葉の窒素濃度) である光合成窒素利用効率 (photosynthetic nitrogen use efficiency: PNUE) を低下させ, 吸収した養分の利用効率を低下させることが知られている. 葉の窒素利用効率を決定する主要因は, ①大気から葉緑体のストロマまでの CO_2 拡散コンダクタンス (抵抗の逆数), ②光合成系への葉の窒素分配, ③光合成系内での窒素の分配比 (集光性複合体, 電子伝達系および Rubisco を除くカルビン・ベンソン回路のタンパク質または Rubisco への窒素分配), ④ Rubisco の比活性などがある. ①についてはすでに述べたとおり, オゾンによる気孔コンダクタンスや葉肉コンダクタンスの低下によって, CO_2 がストロマまで拡散しにくくなる. ②および③については, オゾンによって集光性複合体や Rubisco への窒素分配ひいては

光合成系への窒素分配量が少なくなる傾向がある．④の Rubisco の比活性とは Rubisco 活性と Rubisco 濃度の比（Rubisco 活性 / Rubisco 濃度）であり，オゾンによって低下することが報告されている．これらが複合的に作用し，オゾンは葉の光合成窒素利用効率の低下を引き起こすと考えられる．

多年生植物である樹木特有のオゾン影響として，前年のオゾンの影響を受ける carry-over effect がある．ヨーロッパシラカンバに対するオゾン暴露実験では，前年にオゾンにさらされることによって葉の Rubisco 濃度，クロロフィル濃度，カロテノイド濃度，養分濃度，気孔コンダクタンス，純光合成速度および葉面積などが低下した．また，ブナでは，春先の出葉数が前年のオゾンの影響によって減少した．この原因として，前年に形成される冬芽の数や冬芽あたりの出葉数がオゾンによって減少したことが報告されている．さらに，前年にオゾンにさらされることで出葉が遅延し，オゾンは老化ホルモンであるエチレンの生合成を促進して早期落葉を引き起こすため，着葉期間が短くなることが知られている．

1.2.5 着葉位置による影響の差異

一般に，樹木においては樹冠の上部と下部で環境が異なり，それによって葉の生理機能に対するオゾンの影響が異なる．ヨーロッパブナの成木では，弱光下の純光合成速度は下位葉においてのみオゾンで低下した．この原因として，樹冠下部は光が弱く，オゾンの解毒に必要な光合成産物の生産能力が低いことが考えられている．これに対して，苗木や幼木を用いた日本のブナに対するオゾン暴露実験では，上位葉において光飽和条件下の純光合成速度の低下が著しかった（図1.7）．数値モデルを用いた解析によると，上位葉は光合成産物の生産速度に比例してオゾンの解毒能力も高いが，気孔を介した葉のオゾン吸収速度が下位葉よりも著しく高いため，オゾンによる純光合成速度の低

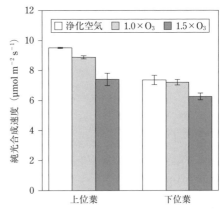

図 1.7 オゾン暴露下で育成したブナ苗の上位葉と下位葉の光飽和の純光合成速度（Kinose *et al.*, 2017）
エラーバー：標準偏差．$1.0 \times O_3$ および $1.5 \times O_3$：野外濃度の1.0倍または1.5倍のオゾン暴露区．

下程度が上位葉で顕著になることが示唆された.

1.2.6　生物間相互作用に対する影響

一般に，植物は光，水および養分資源などを獲得するために種内または種間で競争しながら生きているが，オゾン感受性の樹種間差異は混合林における樹木の生存競争に大きく関与する可能性がある．カロリナポプラとサトウカエデを用いた混植実験において，オゾン暴露条件下ではカロリナポプラからサトウカエデへの置き換わりが起こりやすいことが指摘されている．富山県立山においては，ブナが枯死してスギに置き換わっていることが報告されており，その一因としてブナのオゾン感受性がスギに比べて高いことが指摘されている.

1.2.7　多面的機能に対する影響

オゾンは，森林の多面的機能に対してさまざまな影響を引き起こすことが知られている．森林樹木のもっとも重要な機能は木材としての利用であるが，オゾンは成長低下のみならず樹形にも影響を及ぼす．一般に，幹は先端ほど細くなるが，その程度が小さい材を完満材といい，その程度が大きい材を梢殺材という．完満材は柱材として有用であるが，オゾンは梢殺化を引き起こすことが報告されている.

オゾンは比較的高い正の放射強制力を有している．放射強制力とは，何らかの要因（大気 CO_2 濃度の変化など）によって地球気候系に変化が起こったときに，その要因が引き起こす放射エネルギーの収支（放射収支）の変化量（W m^{-2}）と定義される．一方，森林樹木を含む植物のオゾンによる光合成低下（大気 CO_2 の吸収量の低下）も同程度の放射強制力を有しており，オゾンは直接的または間接的に地球温暖化に寄与する.

植物は気孔を介して大気中に存在するオゾンを吸収し，対流圏オゾンの最大20％を除去できる大気浄化能力を有している．しかしながら，高温下ではオゾン吸収量が減少するため，大気中にオゾンが蓄積され，人間が呼吸器合併症などを発症する可能性が高まり，最悪の場合は死につながることが指摘されている．イギリスでは2006年の夏の猛暑にともなう土壌の乾燥などによって，森林樹木を含む植物のオゾン吸収量が減少し，その結果として死者が数百人増えたと推測されている.

　神奈川県丹沢山地ではブナの立ち枯れや森林衰退が報告されており，その一因としてオゾンの関与が指摘されている．ただし，オゾンのみが原因物質で森林衰退が起こるほど高濃度のオゾンは観測されておらず，シカによる食害，強風，水ストレスおよびブナハバチによる食害を含む複合的な影響であると考えられている．森林衰退は，土壌侵食をはじめとした森林の多面的機能全般に悪影響を及ぼす．

1.2.8　クリティカルレベル

　オゾンのクリティカルレベル（critical level）とは，植物に重大な悪影響が発現しないようなオゾン暴露量あるいは吸収量を指す．ヨーロッパにおいては，クリティカルレベルの設定に関する研究プロジェクトがアジアに比べて進んでいる．従来はクリティカルレベルの設定に用いるオゾンの暴露指標として，AOT40が用いられていたが（Level I のクリティカルレベル），植物に害を及ぼすオゾンは葉内に吸収されたオゾンであることから，その後，1 nmol $m^{-2} s^{-1}$ を超えるオゾン吸収速度の積算値である POD_1（phytotoxic ozone dose above a flux threshold of Y nmol $O_3 m^{-2} s^{-1}$: POD_Y）に基づいてクリティカルレベルが設定された（Level II のクリティカルレベル）．さまざまな樹種においてクリティカルレベルが設定されているが，比較的オゾン感受性が高いヨーロッパブナとヨーロッパシラカンバにおいては，個体乾重量が5%低下するときのAOT40（6カ月値）である5 ppm h や4%低下するときの POD_1 である 5.2 mmol m^{-2} をクリティカルレベルと設定している．一方，日本では Level II のクリティカルレベルは設定されていないが，Level I の AOT40 については暫定的に決定されている．ブナなどのオゾン感受性が比較的高い樹種においては，個体乾物成長を10%低下させるAOT40（6カ月値）である8〜15 ppm h がクリティカルレベルとされている．

［黄瀬佳之・渡辺　誠・山口真弘・伊豆田　猛］

■文献
伊豆田　猛・松村秀幸（1997）大気環境学会誌，**32**，A73-A81.
日本学術会議（2001）地球環境・人間生活にかかわる農業及び森林の多面的な機能の評価について（答申），pp. 56-75.
Kinose, Y. *et al.*（2017）*Trees*, **31**, 259-272.
Wittig, V. E. *et al.*（2009）*Global Change Biology*, **15**, 396-424.

1.3　植物に対するオゾンと環境要因の複合影響

1.3.1　は じ め に

1.2節では，オゾンの影響に種間差異が存在することを示した．一方，オゾンの影響は環境要因によっても変わることが報告されている．実際に，農作物や樹木は，オゾンのみならず多くの環境要因との複合影響を受けている（図1.8）．本節では，農作物と樹木に対する対流圏オゾンの影響に主眼をおいて，非生物的要因（大気 CO_2, 水分，養分，塩類，光，気温）または生物的要因（微生物や昆虫など）との複合影響を紹介する．

1.3.2　オゾンと大気二酸化炭素の複合影響

近年，化石燃料の消費量の増大にともなって，地球規模で大気 CO_2 濃度が上昇し続けている．農作物や樹木などの植物は，オゾンのみならず大気 CO_2 の濃度上昇との複合影響を受ける可能性がある．

樹木の純光合成速度に対するオゾンと環境要因の複合影響に関するメタ解析が行われている（表1.4）．一般に，オゾンは純光合成速度を低下させるが，高濃度 CO_2 によってオゾンの影響は緩和される．コムギなどの農作物においても同様にメタ解析が行われており，高濃度 CO_2 によって純光合成速度や各種生理活性に対するオゾンの影響は緩和される（表1.4）．高濃度 CO_2 条件下では気孔を大きく開かなくても光合成による CO_2 の吸収・固定が可能であるため，蒸散による水分損

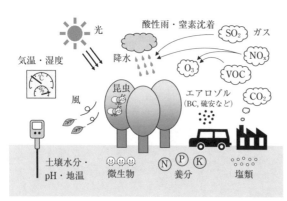

図1.8　植物が影響を受ける環境要因（非生物的要因および生物的要因）の例

O_3：オゾン，SO_2：二酸化硫黄，NO_x：窒素酸化物，VOC：揮発性有機化合物，CO_2：二酸化炭素，BC：ブラックカーボン．

表 1.4 樹木および農作物（コムギ）に対するオゾンと環境要因の複合影響に関するメタ解析（Wittig *et al.*, 2007 および Feng *et al.*, 2008）

植物	パラメータ	処理	O_3 による変化 (%)	95%信頼区間 (%)	自由度	$[O_3]$ (ppb)
樹木	純光合成速度	O_3 単独	−20.4	−23.0 ～ −17.7	373	87
		＋乾燥	− 2.4	−13.0 ～ 9.5	30	71
		＋CO_2	− 3.0	−15.6 ～ 11.6	16	84
	気孔コンダクタンス	O_3 単独	−11.9	−15.5 ～ − 8.2	229	92
		＋乾燥	11.1	− 2.3 ～ 26.4	19	78
		＋CO_2	− 2.3	−14.8 ～ 11.9	16	84
農作物 (コムギ)	地上部乾重量	O_3 単独	−21.3	−24.9 ～ −17.8	70	71
		＋乾燥	− 9.0	−14.2 ～ − 2.3	3	70
		＋CO_2	− 1.6	− 7.6 ～ 6.6	7	70
	地下部乾重量	O_3 単独	−33.2	−38.7 ～ −27.3	29	77
		＋CO_2	4.6	− 7.9 ～ 26.8	4	76
	地下部 / 地上部 乾重比	O_3 単独	−18.2	−22.7 ～ −13.4	31	78
		＋CO_2	2.8	−12.2 ～ 30.4	4	76
	収穫指数	O_3 単独	−10.4	−13.5 ～ − 7.4	40	60
		＋乾燥	− 5.5	−12.9 ～ 0.9	6	70
		＋CO_2	− 4.1	− 6.9 ～ − 1.7	3	72
	収量	O_3 単独	−31.9	−37.5 ～ −26.3	75	72
		＋乾燥	−14.5	−25.8 ～ 2.4	5	70
		＋CO_2	− 3.8	−13.0 ～ 5.9	3	74
	千粒重	O_3 単独	−21.1	−24.5 ～ −17.5	76	71
		＋乾燥	−11.9	−19.3 ～ − 6.9	7	75
		＋CO_2	− 3.4	− 5.7 ～ − 0.9	11	75
	純光合成速度	O_3 単独	−32.7	−41.1 ～ −23.9	39	74
		＋CO_2	− 6.9	−12.2 ～ − 1.8	39	92
	気孔コンダクタンス	O_3 単独	−30.4	−37.9 ～ −22.1	65	78
		＋CO_2	−18.2	−25.9 ～ −10.1	42	89
	最大カルボキシル化 速度	O_3 単独	−30.0	−43.4 ～ −15.4	13	80
		＋CO_2	−15.4	−23.5 ～ − 7.8	18	72
	Rubisco 活性	O_3 単独	−28.4	−42.3 ～ −12.0	13	75
		＋CO_2	− 2.2	−10.9 ～ 8.2	8	69

$[O_3]$：育成期間中の平均オゾン濃度.

失を抑えるために気孔は閉じ気味になる．その結果，気孔を介した葉のオゾン吸収量が減少し，純光合成速度に対するオゾンの影響が小さくなると考えられている．また，高濃度 CO_2 条件下で多く生産された光合成産物がアスコルビン酸などのオゾンの解毒物質（抗酸化物質）の濃度上昇や障害を受けた組織の修復に利用

されることもオゾン影響の緩和の原因として考えられている.

　純光合成速度と同様に，個体の乾物成長に対するオゾンの影響も高濃度CO_2によって緩和されることがある．日本の5樹種に対するオゾンとCO_2の暴露実験では，シラカンバ，ブナ，アカマツにおいてオゾンによる個体乾重量の低下が認められたが，シラカンバでは高濃度CO_2によるオゾン影響の緩和が認められた．一方，コムギなどの農作物においてはメタ解析が行われており（表1.4），それによると乾物成長，収量および収量構成要素に対するオゾンの影響は高濃度CO_2によって緩和されることが一般的である．

　オゾンと高濃度CO_2の複合影響によって，植物はしばしば著しく成長することがある．ブナにおいては，高濃度CO_2条件下ではオゾンによって二次展開葉が増加し，高濃度CO_2単独よりもブナの乾物成長が促進された．オゾンによる二次展開葉の増加はオゾンに対する補償作用と考えられているが，この原因として高濃度CO_2条件では葉の生産に必要な光合成産物が多かったことが考えられている．

　農作物の品質に対するオゾンと高濃度CO_2の複合影響が調べられている．ジャガイモでは，オゾンによってα-ソラニン含量などが増加したが，オゾンとCO_2の有意な交互作用は認められなかった．また，ラッカセイの可食部の脂質，タンパク質含量および脂肪酸組成にオゾンとCO_2の有意な交互作用は認められなかった．

1.3.3　オゾンと水分の複合影響

　一般に，農作物の栽培においては灌水を行う．一方，森林では灌水は行われず，降水量や降水頻度の変化の影響を受けるため，樹木はオゾンと水分状態の複合影響を受けている可能性がある．ただし，開発途上国では高い人口密度やダム不足によって水資源が乏しいことに加え，灌漑設備が不十分なこともあり，自然降水（天水）で農作物の栽培を行っている地域も多い．こうした地域では，農作物もオゾンと水分状態の複合影響を受けている可能性がある．

　オゾンによる成長や収量の低下は，土壌の乾燥によって緩和されることがある．たとえば，ポプラ（*Populus deltoides*×*Populus nigra*）では，オゾンによる葉の乾重量の減少が乾燥処理区では発現しないことが報告されている．コムギにおいても，土壌の乾燥によってオゾンによる成長や収量の低下程度は緩和された（表1.4）．

　農作物の品質に対するオゾンと土壌の乾燥の複合影響が調べられている．ダイ

ズでは，子実の脂質含量や無機元素濃度にオゾンと乾燥の有意な交互作用は認められなかった．一方，ダイズの子実のタンパク質含量にオゾンと乾燥の有意な交互作用が認められ，オゾンによって灌漑区では増加し，乾燥区では低下した．

　一般に，乾物成長や収量と同様に，オゾンによる純光合成速度の低下程度は土壌の乾燥によって緩和される（表1.4）．この原因として，乾燥時には蒸散による水分損失を防ぐために気孔が閉じ，オゾン吸収量が少なくなることが考えられている．逆説的に捉えると，開発途上国などのオゾンと土壌乾燥の複合影響を現在受けている地域においては，今後，灌漑設備が整備・運用されたとしてもオゾンによる悪影響は増大するので，灌漑による収量増加はあまり期待できないかもしれない．

　降水は土壌の乾燥を介さずに植物のオゾン吸収量を変化させる．降水によって葉が濡れると気孔が閉鎖し，オゾン吸収量が減少する．気孔が開いた後も，葉表面が濡れ気味であると表皮へのオゾンの沈着が促進され，気孔を介した葉のオゾン吸収量を減少させる可能性が指摘されている．しかしながら，こうした指摘は10年以上も前からあるものの，葉の濡れとオゾン感受性に関する実験的研究はまったく行われておらず，実証されていない．また，降水や気温に依存して大気の乾燥程度（湿度や飽差）が変化すると気孔開度やオゾン吸収量が変化するが，植物の成長や収量におけるオゾン感受性と大気の乾燥程度との関係は明らかにされていない．

　オゾンは，植物の乾燥耐性を低下させることが指摘されている．オゾンは根からの吸水能力や吸収した水の利用効率を低下させるため，森林や非灌漑農業地域では植物の乾燥ストレスが助長される可能性がある．

1.3.4　オゾンと養分の複合影響

化石燃料や化成肥料などの使用にともなって，大気へ窒素が放出されている．大気中の窒素酸化物はオゾンの前駆物質でもあるが，一部は直接的または間接的（雨水などに溶け込み）に森林や農地へ沈着している．そのため，植物はオゾンと窒素沈着の複合影響を受けている．なお，窒素は植物において重要な栄養元素の1つであるが，その沈着量が過剰な場合は直接的に植物の栄養バランスを悪化させることや土壌酸性化を引き起こして間接的に植物に悪影響を及ぼすことが知られている．

　日本では多くの樹種に対するオゾンと土壌への窒素沈着の複合影響に関する研究が行われており，カラマツではオゾンによる個体乾物成長の低下が土壌への窒素添加によって緩和された（図1.9）．これに対して，ブナではオゾンによる成長低下が窒素添加によって著しくなった．また，コナラ，スダジイ，アカマツおよびスギでは，オゾンと土壌への窒素添加の有意な交互作用は認められなかった．このように，樹木の個体乾物成長に対するオゾンと土壌への窒素沈着の複合影響に樹種間差異がある．また，カロリナポプラを用いた実験では，一般に土壌への窒素添加にともなって成長が増加するが，成長において窒素が不足または過剰な条件ではオゾンによる成長低下は緩和された．この原因として，窒素不足の条件では地下部に対して光合成器官である葉を含む地上部のバイオマスを増加させたことなどがあげられている．一方，窒素が過剰な条件では，余剰の窒素が抗酸化物質などの生成に利用されるため，オゾンの影響が緩和されると考えられている．窒素要求量の樹種間差異などが，カラマツやブナで認められたオゾンと土壌への窒素添加の交互作用の違いに影響しているのかもしれない．

　ブナにおいては，葉の生理機能に対するオゾンと土壌への窒素添加の複合影響

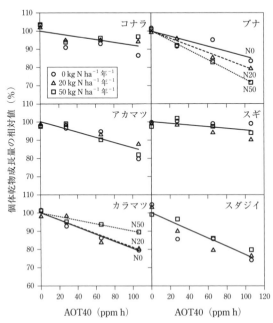

図1.9　土壌への窒素添加量が異なる条件下で育成した6樹種の個体乾物成長量とAOT40との関係（渡辺・山口，2011）

N0, N20, N50：1 ha あたりの土壌への年間窒素添加量が0, 20 または 50 kg の処理区．

が調査されている．窒素添加によってオゾンによるリブロース-1,5-ビスリン酸カルボキシラーゼ／オキシゲナーゼ（Rubisco）の合成阻害が著しくなった結果，Rubiscoの濃度や活性が低下し，オゾンによる純光合成速度の低下は著しくなった．

オゾンと土壌への窒素添加は植物の病気被害に複合的に影響を及ぼす．コムギのうどんこ病に対するオゾンと窒素添加の有意な交互作用は認められなかったが，コムギふ枯病や赤さび病においては有意な交互作用が認められ，オゾンによる病害の増加が土壌への窒素添加によって著しくなった．

森林では，窒素のみならず，リンやカリウムを含む土壌の養分状態が地域や立地によって大きく異なる．ブナでは窒素，リンおよびカリウムを含む肥料の添加（低養分および高養分添加）によって，オゾンによる純光合成速度の低下が著しくなった．この一因として，養分添加による純光合成速度の増加にともなって気孔が開いてオゾン吸収量が増加したことが指摘されている．これに対して，オゾンによる個体乾物成長の低下は高養分添加区では認められず，この原因は炭素や養分資源が多かったことでオゾンによって二次展開葉が増加したことであった．一方，ヨーロッパシラカンバではオゾンによる純光合成速度の低下が養分添加で早期化したが，個体乾物成長に対するオゾンの影響は養分処理区にかかわらず同程度であった．この原因として，高養分添加区ではオゾン被害を受けた葉を落とし，新しい葉を活発につくる（葉のターンオーバーが促進される）ことが考えられた．

1.3.5　オゾンと塩類の複合影響

乾燥や津波を受けた農地では，土壌表層に塩類が集積している．また，海岸林土壌においても塩類濃度が比較的高い．したがって，植物はオゾンと塩害の複合影響を受ける可能性がある．

塩害は気孔閉鎖を引き起こしてオゾン吸収を抑制するため，オゾン障害の程度を緩和する可能性がある．一方，コムギを対象とした実験では，オゾンによる純光合成速度の低下が土壌への塩処理によって緩和されたが，その理由は塩処理によるオゾン吸収量の減少ではなく，抗酸化物質の濃度や酵素活性の増加であった．これに対して，イネの純光合成速度，蒸散速度，気孔コンダクタンスおよび根の乾重量などのオゾンによる低下程度に土壌への塩処理による影響は認められなかった．一方，樹木に対するオゾンと塩害の複合影響に関する知見はほとんどない．

1.3.6　オゾンと光の複合影響

　エアロゾル濃度の増加や降水頻度の変化などにともなって，地表面の光強度が変化することが指摘されている．また，森林では倒木や立ち枯れなどによってギャップ（林床の暗い森林にできた林床まで光が差し込む隙間）が生じるため，植物の光環境が劇的に変化する．そのため，植物はオゾンと光環境の複合影響を受ける．

　ハツカダイコンなどの農作物やブナなどの樹木を対象として，オゾンと光強度の複合影響が調査されており，寒冷紗などを用いた遮光区ではオゾンによる成長低下が緩和されることが報告されている．この理由として，光合成が活発にできない比較的暗い条件下では気孔が閉じ気味となり，オゾンの吸収量が少なくなることが報告されている．また，オゾン暴露後に強光にさらされると光過剰になって葉緑体の分解が促進されるが，弱光下ではそのような反応が起こりにくいことも一因として考えられている．

1.3.7　オゾンと気温の複合影響

　温室効果ガスの排出量増加にともなって気温が上昇している．一方，日本では冬の大寒波も珍しくない．気候変動にともなって大気循環が乱れ，日本などでは冬場に北極の冷たい空気が流入する場合がある．今後，夏場の高温や冬場の低温ストレスが頻繁に起こることが考えられ，植物はオゾンと気温の複合影響を受ける可能性がある．

　日本のハツカダイコンに対するオゾンと気温の複合影響を調べた結果，低温（日中20℃／夜間13℃）で育てた場合はオゾンによる乾物成長の低下は認められなかったが，中高温（日中25℃／夜間18℃，日中30℃／夜間23℃）で育成した場合はオゾンによって成長が低下した．これに対して，別の研究では低温（日中25℃／夜間18℃）で育成したハツカダイコンではオゾンによる乾物成長の低下が認められたが，高温（日中30℃／夜間25℃）では成長低下が認められなかった．これらの違いには品種の違いが起因しているかもしれない．統一的な見解は得られていないが，気孔開度やオゾン吸収量はある程度気温が高い条件で最大になる．一方，気温が高すぎると光合成産物の生産量の減少や維持呼吸による光合成産物の消費量の増大によって，オゾンの解毒や回復に必要な還元力や炭素資源が不足すると考えられており，オゾンの吸収・解毒・回復のバランスによってオゾン影

響の程度が決まると考えられる.

　乾物成長のみならず農作物の品質にもオゾンと気温の複合影響がある. オゾンはイネの玄米に含まれるタンパク質の増加, デンプンの減少および米の白濁化などを引き起こすが, 里のゆきなどの一部の品種では高温条件下でオゾンによる米の白濁化が著しくなることが報告されている.

　オゾンは葉内または葉表面においてモノテルペンやイソプレンなどの揮発性有機化合物（VOC）と反応して分解される. ヨシでは, ホスミドマイシンでイソプレンの生合成を阻害した場合は, 通常の場合と比べて, オゾンによる過酸化水素の生成や細胞膜の脂質過酸化の程度が著しく, 純光合成速度や気孔コンダクタンスの顕著な低下が認められた. 植物のVOC放出速度は葉温の増加にともなって増加するため, 今後の気温上昇にともなって気孔を介して葉内の細胞壁に到達するオゾンが減少するとその影響が軽減される可能性がある.

　樹木などの多年生植物は厳しい冬の寒さを乗り越えるために, 秋の低温にさらされると耐凍性を獲得する. 低温による耐凍性の獲得は遺伝子発現によって制御されており, デンプンの分解と糖の増加, 可溶性タンパク質の変化, 脂肪酸組成の変化および抗酸化物質の増加などが起こる. オゾンは糖濃度や脂肪酸組成などを変化させ, 樹木の耐凍性に影響を与えることが知られている. シトカトウヒでは, オゾンによる耐凍性の獲得の遅延が観測されている. オゾンによる耐凍性の低下は, 樹木の低温障害を助長する可能性がある.

1.3.8　オゾンと生物的要因の複合影響

　植物とそれを取り巻く生物（微生物や昆虫など）は, 共生または捕食-被食などの関係にある. オゾンは微生物や昆虫などに影響を及ぼすことで, 植物はオゾンと生物的要因の複合影響を受ける可能性がある.

　オゾンによる光合成産物の減少や地下部への光合成産物の分配の低下は, それを享受する菌根菌の根における感染に影響を及ぼす可能性がある. グイマツ雑種F_1ではオゾンによって外生菌根数や菌根菌の種数が減少し, 葉のAl, Fe, MoおよびP濃度が低下することが報告されている.

　樹木の葉面積は光合成や成長において重要な要素であるが, 虫の食害による葉面積の著しい減少がしばしば発生しており, その程度にオゾンが関与することが指摘されている. シラカンバを供試樹木としたオゾン暴露実験の結果, オゾンに

よってハンノキハムシによる葉の食害が少なくなった．この原因として，葉において忌避物質であるタンニンの濃度がオゾンによって上昇したことがあげられている．　　　　　　　　　　　　　　　　[黄瀬佳之・渡辺　誠・山口真弘・伊豆田　猛]

■文献
渡辺　誠・山口真弘（2011）日本生態学会誌，**61**，89-96.
Feng, Z. *et al.* (2008) *Global Change Biology*, **14**, 2696-2708.
Wittig, V. E. *et al.* (2007) *Plant, Cell & Environment*, **3**, 1150-1162.

1.4　植物におけるオゾンの応答機構

1.4.1　は じ め に

　光化学オキシダントの主成分であるオゾンは，植物に対する毒性が高い大気汚染ガスであり，広い範囲で農業や生態系に大きな被害を及ぼしている．アジア地域などでは，今後オゾン濃度の増加が予想され，オゾンの影響がさらに増加すると考えられる．オゾンによって植物に障害の生じる仕組みや障害を防ぐ応答・耐性機構を解明することによって，食糧の確保や環境保全に向けてオゾン被害への対策を講じることができると考えられる．

　オゾンによって植物に生じる障害は，急性障害と慢性障害に分けて考察されることが多い（図1.10）．急性障害は比較的高濃度（0.1 ppm くらいかそれ以上）のオゾンに短時間（2〜3 時間くらい）さらされることで生じ，葉に特徴的な可視障害が現れる．一方，慢性障害は，比較的低濃度のオゾンに長期間（2〜3 日から

対照　　O₃処理
（急性障害）

対照　　O₃処理
（慢性障害）

図1.10　植物の急性・慢性オゾン障害
シロイヌナズナ（系統 Col-0）の発芽後 2 週間目の実生を 0.3 ppm，3 時間（急性処理）または 0.1 ppm，8 日間（慢性処理）のオゾン処理を行った後，写真撮影した．

2〜3週間以上）さらされることで生じ，成長が阻害されたり，老化が促進される．オゾン応答メカニズムに関する研究は，主として短期間の処理ではっきりとした症状が出る急性障害に対して行われてきた．

1.4.2 気孔開閉の制御

オゾンは主に葉の表面にある気孔を通って植物体内に吸収されることから，気孔開閉の制御がオゾンに対する最初の防御機構として重要である．著者らはモデル植物であるシロイヌナズナを用いた遺伝学的研究を行い，オゾン感受性を示す変異体に気孔反応に異常を示すものを見出すことで，植物のオゾン感受性に及ぼす気孔開度の影響を裏づける証拠を得た（Saji *et al.*, 2008）．この変異体は野生型と比べて気孔開度が大きく，大気汚染ガスであるオゾンや二酸化硫黄だけでなく，乾燥に対しても高い感受性を示した．さらに，この変異体の原因遺伝子が細胞膜に存在するトランスポーター様タンパク質をコードすることが明らかになった．

また，同時期にほかの研究グループにより，この遺伝子がオゾン，乾燥，高濃度二酸化炭素条件下などにおいて気孔が閉じる際に活性化される陰イオンチャネルをコードしていることが示され，著者らが発見したものを含む一連の変異体の名前が *slac1*（*slow anion channel-associated 1*）と名づけられた（図1.11）．これらの発見を契機として，その後，気孔開閉の制御メカニズムの研究が大きく進展し，植物がオゾンや乾燥などを感知すると種々のシグナル伝達を介して孔辺細

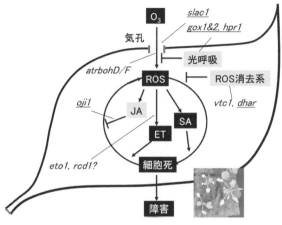

図1.11　オゾンで誘導される葉の障害や防御の仕組みとシロイヌナズナオゾン感受性・耐性変異体原因遺伝子の作用部位

イタリックの文字は変異体名を，さらに下線が引かれたものは著者らのグループで解析，報告したものを示す．ET：エチレン，JA：ジャスモン酸，O₃：オゾン，SA：サリチル酸，ROS：活性酸素．

胞膜上に存在する SLAC1 やその他のタンパク質が次々にリン酸化され，活性調節されることで気孔閉鎖が起こることが明らかにされている．

1.4.3　活性酸素の関与

　オゾンは反応性に富む活性酸素の一種であり，植物体内に吸収されると葉の組織中の水に溶け込み，アポプラストに存在するさまざまな生体物質を酸化すると考えられる．その初期反応に加え，種々の活性酸素種（reactive oxygen species: ROS）が二次的に発生し，オゾン障害にかかわることが示されてきた（図 1.11）．ROS はオゾン以外のストレス因子によっても生成し，核酸やタンパク質などの重要な生体物質を傷つける．植物体内には ROS を消去するための反応系が存在することから，ROS が種々のストレス因子による障害の主要因であり，その消去系がストレス耐性にとって重要であると考えられるようになった．

　この仮説を遺伝子組換え植物を用いて検証しようとする研究が世界中で行われた．著者らの研究グループでも，活性酸素消去系酵素であるアスコルビン酸ペルオキシダーゼ（ascorbate peroxidase: APX）やグルタチオンレダクターゼ（glutathione reductase: GR）の遺伝子を植物から単離するとともに，遺伝子操作による活性酸素消去能力の改変を試みた．その結果，大腸菌 GR 遺伝子の導入によって二酸化硫黄に対して高い耐性を示すタバコの作製に成功したが，この遺伝子組換えタバコのオゾンに対する耐性には非組換え体との間で差はみられなかった．この理由は不明であるが，オゾンと二酸化硫黄の間で ROS の生じる場所や生じ方，生じる分子種などに違いがあり，それが異なる結果をもたらした可能性がある．後述するように，その後 ROS は毒物としてではなく，シグナルとして作用するという仮説を支持する研究結果が報告されるようになり，どのような ROS 分子種がいつどこで生成されるかがシグナル伝達とのかかわりで重要視されるようになってきている．

　シロイヌナズナから単離されたオゾン感受性変異体の1つが，抗酸化物質のアスコルビン酸（ビタミン C）の合成系酵素の遺伝子の変異によるものであることがわかり，アスコルビン酸がオゾン耐性に重要であることが確認された．同様に著者らの研究グループも，酸化されたアスコルビン酸を還元型に戻す反応を触媒する酵素であるデヒドロアスコルビン酸レダクターゼの遺伝子を欠損する変異体がオゾンに高感受性を示すことを発見し，アスコルビン酸の合成系だけでなく再

生系もオゾン耐性に重要であることを示した（Yoshida *et al.*, 2006）.

　ストレス条件下では，どのようにして ROS が生成されるのであろうか．オゾンが葉内の種々の物質を酸化することによって ROS が生成されることはわかっているが，この初期反応とは別に，オゾン処理終了後も ROS 生成が継続し，障害に関与することが示されてきた．とくに重要と思われるのが細胞膜上に存在するNADPH オキシダーゼやペルオキシダーゼによってアポプラストで産生されるROS と，光照射下の葉緑体で光合成にともなって発生する ROS である．前者は病原抵抗性反応の研究によって見つけられ，病原体感染を知覚した葉の細胞が種々のシグナルを介して NADPH オキシダーゼなどを活性化し，細胞外（アポプラスト）において ROS を生成する．生成された ROS が強力なシグナルとして作用し，病原抵抗性反応をさらに促進する．このような ROS 生成は，病原体感染時のみならず種々の非生物的ストレス条件下でも起こり，オゾンストレス下でも障害の発現に関与することが示されてきた.

　一方，葉緑体内で光合成にともなって発生する ROS は，オゾン障害が光照射下で生じやすいことと関連づけて推論されてきたが，最近著者らが解析したシロイヌナズナのオゾン感受性変異体の原因遺伝子が光呼吸系酵素をコードしていることが明らかになり，これを裏づける証拠となった（Saji *et al.*, 2017）．光呼吸は強光下において光合成の電子伝達系から生成されるエネルギー物質（NADPH とATP）を消費し，過剰に蓄積しないように作用する．ところが，光呼吸系変異体（*gox1&2, hpr1-1*）ではこの機能が失われ，これらのエネルギー物質が過剰蓄積する結果，光合成電子伝達の流れが悪くなり，電子が酸素に受け渡されて ROS が多く発生すると予想される．オゾンストレス下での NADPH オキシダーゼなどによるアポプラストにおける ROS 生成と，強光下の葉緑体内における ROS 生成が同時に起こることで，細胞死が強く誘導され，葉の可視障害が生じると考えられる.

1.4.4　エチレンなどのシグナル因子の関与

　オゾンと接触した植物では，植物ホルモンの１つであるエチレンが発生し，障害を促進する方向に作用する．著者らの研究グループは，オゾンによるエチレン生合成誘導に関与するアミノシクロプロパンカルボン酸合成酵素の遺伝子をトマトから単離し，その遺伝子操作によってエチレン合成が抑制されたタバコを作製

して，それがオゾン耐性を示すことを明らかにした．さらに，エチレン以外にも，サリチル酸やジャスモン酸のようなストレス関連ホルモンなどのシグナル物質が植物のオゾン応答に関与することが次々に明らかになってきた（図1.11）．これらのシグナル因子は植物の病原体感染を含むさまざまなストレス条件下でも誘導され，相互作用しながら防御反応や細胞死を誘導あるいは抑制する．後述のように，ROS もシグナル因子の1つとしての作用が重要視されるようになってきた．

1.4.5 プログラム細胞死の誘導

オゾンと接触した植物に最初に現れる可視障害は，葉の表面に生じる水浸状の病斑で，これは主に棚状組織の細胞死にともなう細胞内液の細胞外への浸出によって生じる．これまで，このような細胞死は障害の結果として起こる受動的なものと考えられてきた．ところが，研究の進展にともない，動物と同様に植物にも遺伝的プログラムに従って起きる能動的な細胞死の仕組みがあり，それがさまざまな場面で誘導されることが明らかになってきた．

とくに，ウイルス，細菌およびカビなどの病原体に対する植物の過敏感反応（hypersensitive reaction: HR）においてプログラム細胞死が起こり，病原体の移動や再感染を防ぐとともに特徴的な病斑が現れることがわかってきた．HR は，病原体の構成成分や病原体と植物細胞との相互作用によって生じる物質（エリシター）が植物細胞にある受容体に結合することで誘導され，さまざまなシグナル伝達機構を介して一群の遺伝子発現の誘導や代謝の変化を通してもたらされる．そのシグナル伝達においてエチレン，サリチル酸，ジャスモン酸などのほか，NADPH オキシダーゼなどの活性化によって生成する ROS も重要な役割を担うと考えられている．すなわち，ROS は生体物質を無差別に酸化する毒物としてではなく，HR を誘導するシグナル物質の1つとして作用する．また，HR に類似した反応が，オゾンを含む種々の非生物的なストレス因子によっても誘導されることがわかってきた．

このような状況を背景に，植物のオゾン障害は HR とそれにともなうプログラム細胞死の誘導によって起こるという仮説が生まれた．植物は動物と違って移動能力がないことから，ストレス対策の1つとして植物体の一部を切り捨て，その他の部位の成長で生き残ろうとするという柔軟な仕組みを備えているように思われる．

1.4.6　オゾンによる慢性障害の仕組み

　植物のオゾン応答メカニズムに関する研究のほとんどは，シロイヌナズナのよ
うなモデル植物に比較的高濃度（たとえば0.2 ppm くらい）のオゾンを短時間処
理することで生じる可視障害などの急性障害を対象に行われてきた．しかし，農
作物の収量や品質に対するオゾンの影響を考慮すると，野外条件下で実際に観測
される濃度（0.06 ppm くらいかそれ以下）のオゾンによる長期的な慢性影響の仕
組みを理解することも重要である.

a.　イネの収量に対するオゾンの影響

　イネは我が国だけでなくアジアの主要作物であり，東アジアの急速な経済発展
にともなってこの地域の大気オゾン濃度が増加していることから，その影響が懸
念されている．これまでに，イネに対するオゾンの影響は，光合成の低下や生育
阻害，老化の促進や収量低下などの慢性影響に関する調査・研究がなされてきた．
オゾンはイネの葉の可視障害にともなう光合成機能の阻害を引き起こし，その生
育や収量を低下させると考えられている．また，アスコルビン酸合成酵素の機能
を欠失したイネ変異体では，オゾン暴露によって生育や収量が低下することから，
イネにおける慢性影響の発現にも葉の可視障害やそれを誘導する ROS が関与して
いると考えられてきた．一般に植物の生育や収量などの形質は量的形質とよばれ，
この形質の制御に複数の遺伝子が関与している.

　近年，DNA マーカーを用いて，量的形質に関与する遺伝子座を特定すること
ができる量的形質遺伝子座（quantitative trait locus: QTL）解析が進展し，この
手法がイネのオゾンによる収量影響に関与する遺伝子座の推定にも利用されてい
る．たとえば23 品種のイネにオゾン暴露を行った結果，生育への影響が異なる 2
品種（オゾン感受性：日本晴，オゾン耐性：カサラス）が選抜され，さらにそれ
らの染色体断片置換系統群を用いた QTL 解析によりオゾンによる葉の可視障害，
乾物重および気孔コンダクタンスに影響を及ぼす 6 個の遺伝子座が同定された．
それらのうち，第 8 染色体にある *OzT8* 遺伝子座はオゾン暴露時の葉における光
合成能力と炭素同化能の維持に関与することが示された.

　さらに，オゾンによる可視障害の軽減に関与する*OzT9*遺伝子座から*OZONE-RESPONSIVE APOPLASTIC PROTEIN 1*（*OsORAP1*）遺伝子が同定され
た．この *OsORAP1* はアスコルビン酸酸化酵素様のタンパク質をコードし，この
遺伝子の機能が失われると葉の可視障害が軽減された．また，この *OzT9* 遺伝子

座と *OzT8* 遺伝子座の双方がオゾン耐性親（カサラス）に由来する系統では，*OzT9* 遺伝子座のみがカサラスに置換された系統よりもオゾンによる乾物重の低下が軽減されることが示された．このように，イネの葉の可視障害に関与する遺伝子座が QTL 解析によって見つかりつつある．

　一方，イネ 20 品種を用いた研究において，葉の可視障害の発現量と収量

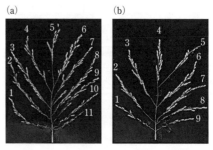

図1.12　オゾンによるコメ収量への影響
外気（a）およびオゾン添加（b）で栽培されたハバタキの穂．オゾンにより穂の枝分かれ（一次枝梗）数が減少し，収量が低下している．

低下との間には明確な相関関係がみられないことが示されており，イネにおいてオゾンによる収量低下と葉の可視障害の発現は独立したメカニズムで引き起こされている可能性が示唆された．近年，収量におけるオゾン感受性が異なるイネ 2 品種（オゾン感受性：ハバタキ，オゾン耐性：ササニシキ）に由来する染色体断片置換系統群を用いた QTL 解析により，オゾンによる収量低下に関与する遺伝子座が第 6 染色体の後方にあることが明らかにされた．また，その遺伝子座は，穂の一次枝梗数（枝分かれの数）を制御することによってイネの収量に関与することも明らかになった（図 1.12）．この遺伝子座領域上にある *ABERRANT PANICLE ORGANIZATION 1*（*APO1*）遺伝子領域がオゾン感受性のハバタキ型に置換された系統を解析した結果，オゾンによって *APO1* 遺伝子の発現が抑制されること，これによりイネの穂の一次枝梗数の減少が生じ，結果的に収量低下が引き起こされることが示された（Tsukahara *et al.*, 2015）．この研究では，*APO1* 遺伝子の発現調節にジャスモン酸やアブシジン酸などの植物ホルモンが関与していることも示された．これらの植物ホルモンはオゾンによる葉の可視障害を軽減する作用をもつことから，オゾンによる葉の可視障害の程度と収量減少との間で相関がみられないことの一因ではないかと考えられている．

b.　イネ品質へのオゾン影響

　オゾンは，イネの収量だけでなく，可食部（米）の品質にも影響を与えることが明らかになっている．たとえば，オゾンに暴露されたイネでは，玄米中のタンパク質の増加やデンプンの低下あるいは白濁化した米の割合の増加などが報告されている．収穫された玄米に白濁化した米が多く含まれると検査等級が低下し，

これが価格を下落させ，農家収入を減少させる．通常，イネの胚乳はデンプン粒が密に充填されており半透明の外観を示す．一方，このデンプン粒の充填が不十分になると空隙が生じ，これが光を乱反射するため白濁化する．前述した *OzT9* 遺伝子座と *OzT8* 遺伝子座の双方がオゾン耐性親（カサラス）に由来する系統では，オゾンによる葉の可視障害の軽減以外にも米の白濁化の割合が少なかったことが示されている．この系統ではオゾンによる葉の光

図1.13　オゾンによる米品質への影響（Sawada *et al.*, 2016）［口絵2参照］
外気（a, b）およびオゾン暴露（c, d）下で栽培されたコシヒカリの白米．（a, c）白米の外観および（b, d）割断面の実体顕微鏡写真．オゾン暴露により米の内部が白濁している．

合成能力の低下が顕著ではなかったことから，オゾンによる米の白濁化には葉の光合成能力低下にともなう穂への糖の供給低下が関与することが示唆された．また，オゾン暴露によってジャポニカ品種のコシヒカリでは高い割合で白濁化した米が観察された（図1.13）（Sawada *et al.*, 2016）．この米ではアミロース含量は増加したが，長鎖アミロペクチンの割合は減少しており，この形質はデンプン合成酵素（SSIIIa）を欠損した突然変異体に形成される米と類似していた．そこで，この遺伝子の発現を調べたところ，オゾンによって発現量が低下することが見出された．したがって，オゾンによる米品質の低下には *SSIIIa* 遺伝子のはたらきの低下が関与していることが示唆された．このような *SSIIIa* 遺伝子のはたらきの低下はインディカ型品種のカサラスではみられなかったことから，交配育種によってカサラス由来の *SSIIIa* 遺伝子をコシヒカリに導入すると，オゾンによる米品質の低下が起きにくい品種の育成が可能になると考えられる．

［青野光子・玉置雅紀・佐治　光］

■文献
Saji, S. *et al.*（2008）*Plant and Cell Physiology*, **49**, 2-10.
Saji, S. *et al.*（2017）*Plant and Cell Physiology*, **58**, 914-924.
Sawada, H. *et al.*（2016）*Rice*, **9**, 1-10.
Tsukahara, K. *et al.*（2015）*PLoS ONE*, **10**, e0123308.
Yoshida, S. *et al.*（2006）*Plant and Cell Physiology*, **47**, 304-308.

第2章

植物に対するエアロゾルの影響

2.1 植物に対するエアロゾルの影響

2.1.1 はじめに

エアロゾルとは，大気中に液体または個体の粒子が浮遊している分散系または粒子そのものを指す．本書では後者を指して用いるが，葉に沈着したエアロゾルは，粒子という言葉を用いて区別して記述する．エアロゾルの粒径は 0.03〜100 µm と幅広く，その物理的性質や化学的性質は多様であり，発生源や生成過程によって大きく異なる．

エアロゾルは，土壌や海水などから放出される自然起源のものと自動車や工場などの人間の産業活動にともなって放出される人為起源のものに分けることができる．土壌粒子や海塩粒子などの自然起源のエアロゾルの粒径は，主に 2 µm 以上と比較的大きい．これに対して，人為起源のエアロゾルは自動車や工場での燃焼過程やその排気ガスの大気中における粒子生成反応などを経て生成されるため，その粒径は 2 µm 以下と非常に小さいものが多い．一般的な大気におけるエアロゾルの質量濃度の粒径分布は 1〜2 µm 付近を谷とする二山型を示し（図 2.7 参照），自然起源のエアロゾルが主に含まれる粒径の大きい粒子を粗大粒子，人為起源のエアロゾルが主に含まれる小さい粒子を微小粒子とよぶ．後者は微小粒子状物質（fine particulate matter: $PM_{2.5}$）として知られ，その地表面への沈着速度は非常に低いことから，大気中での寿命が長く長距離輸送されるため，越境大気汚染物質として問題視される（2.4 節参照）．

表 2.1 に示したとおり，$PM_{2.5}$ などのエアロゾルが植物に及ぼす影響は，粒子の植物への接触の有無によって直接影響と間接影響に分けることができる（平野，1994）．間接影響とは，エアロゾルが太陽光を吸収，散乱することによって光環境を変化させて植物に及ぼす影響である．他方，直接影響とは，エアロゾルが葉に沈着して植物に及ぼす影響のことである．

表 2.1　エアロゾルが植物に及ぼす影響

影響の種類	作用		影響
間接影響	太陽放射の減衰		作物の収量減少（モデル計算）
	散乱光の増加		陸上植物による一次生産量の増加（モデル計算）
直接影響	物理的影響	a. 気孔閉塞	気孔コンダクタンスの増減
		b. 遮光	純光合成速度の低下（弱光条件下）
		c. 葉温上昇	純光合成速度の増減（強光条件下），蒸散速度の増加
	化学的影響		可視障害の発現，純光合成速度の低下など（2.3節参照）

2.1.2　エアロゾルの間接影響

　太陽からの光が大気中のエアロゾルに照射されると，光の散乱や吸収が起こる．そのため，$PM_{2.5}$ などによる大気汚染が顕著になると地表面に到達する光の量が減衰し，視程が悪化する．また，産業活動によって放出されたエアロゾルは雲の凝結核としてはたらくため，雲の生成やその光学的性質にも影響を及ぼし，エアロゾル-雲相互作用を介して間接的にも光環境を変化させる．したがって，産業活動によって放出されたエアロゾルは，地表面に届く太陽放射の減衰や光質の変化を引き起こす．太陽放射の減衰の程度は地域によって異なるが，1950 年代から 1980 年代にかけては全球的に減衰していることが報告されている．1980 年代以降は，大気汚染対策が進められた先進国を中心に地表面に到達する太陽放射が増加したが，大気汚染が深刻化している中国やインドでは 2000 年以降も減衰傾向が続いている（Wild, 2012）．

　植物は太陽の光エネルギーを化学的エネルギーに変換し，それを用いて大気中の CO_2 を固定（光合成）することによって成長する．エアロゾルはこの植物の光環境を変化させることから，間接的に植物に影響を及ぼす．しかしながら，植物の光合成は光だけでなく，気温や湿度などさまざまな環境要因の影響を受けるため，経年的な太陽放射の増減が植物の成長にどのような影響を及ぼしているのかを明らかにすることは難しい．しかし，農作物の成長モデルを用いた研究では，施肥や灌水などの栽培管理が十分なされていれば，大気汚染が深刻な地域では太陽放射の減衰によって農作物の収量が低下した可能性が指摘されている．一方，エアロゾルが太陽放射を散乱することで，散乱光の割合が増える．このことは，

植物群落の下層に到達する光の量を増加させることにつながる．この散乱光の増加が植物の生産量に及ぼす影響をモデル計算によって評価した研究では，地表面に到達する太陽放射が減衰した期間であっても，陸上植物による生産量は散乱光の割合の増加によって増加することが指摘されている．このことは，今後，新興国においても推進されることが考えられる大気汚染対策が進むことによって光散乱性の硫酸塩エアロゾルなどの濃度が減少すると，散乱光の割合が減少し，植物による CO_2 固定量は減少する可能性を示している．

　植物の光環境への応答は群落構造の変化や群落内の各層の葉への栄養分配の変化など多岐にわたることから非常に複雑である．さらに，エアロゾル-雲相互作用には未解明な点が多く，その作用にともなう光質の変化（散乱光の割合の変化）の予測は非常に難しいのが現状である．そのため，このようなエアロゾルの間接的な影響を評価したモデル計算結果には不確実性が多く残されている．しかし，植物の光環境変化はその成長や生理機能に大きな影響を及ぼすことから，そのような影響を定量的に評価していくために，モデル計算結果を実証するような実験的研究や調査研究が求められる．

2.1.3　エアロゾルの直接影響

　葉に沈着したエアロゾルが植物に及ぼす直接影響は，物理的影響と化学的影響に分けることができる（平野，1994）．物理的影響は，葉面の粒子による気孔閉塞，遮光および葉温上昇などである．

a.　気孔閉塞

　気孔とは，葉の表面に存在する小さな穴のことであり，この開孔部を介して大気と葉の間で CO_2 などの気体の交換が行われる．一般に，植物は日中に気孔を開き，大気から葉に CO_2 が取り込まれると同時に，葉からは酸素と水分が放出される．夜間は水分損失を防ぐために気孔を閉じるが，日中であっても乾燥が著しい場合などは気孔を閉じる．このように，気孔は光や湿度などの外部環境に応じて開閉する．この開孔部は楕円形またはスリット状であり，その長さは5〜30 µm，幅は1〜10 µm である．エアロゾルの粒径はさまざまではあるが，その多くはこの気孔の開孔部に入りうるサイズである．そのため，エアロゾルが気孔の開孔部に詰まる，またはそこを塞ぐことによって気孔の開閉機能やそれを介した葉のガス交換能力に悪影響を及ぼすことが報告されている．

ポプラ（*Populus tremula*，落葉広葉樹）を用いた研究において，光照射条件下で気孔が開いている状態の葉に粒径5〜60 μmのシリカゲル粒子を暴露し，その気孔拡散抵抗への影響が報告されている．その報告では，夜間における気孔拡散抵抗が5 μmのシリカゲル粒子の暴露によって著しく低下していたことから，夜間の気孔閉鎖が妨げられたと考察されている．このことは，気孔にエアロゾルが詰まることによって夜間に水分損失が引き起こされることを示している．同様の研究結果が，土壌粒子である関東ローム粉（粒径8 μm）を用いたキュウリへの暴露実験でも報告されている（平野，1994）．この実験では，日中の気孔コンダクタンス（気孔拡散抵抗の逆数）の低下も認められたことから，気孔を介した CO_2 の取り込みも妨げられることも報告されている．このような影響は，暗条件下で気孔が閉じている状態で暴露した場合には認められなかったことから，エアロゾルが気孔の開孔部に詰まることによって，気孔の開閉機能やそれを介した葉のガス交換能力に悪影響を及ぼすと考えられる．

b. 遮 光

ブラックカーボン（BC）粒子などの光吸収性のエアロゾルが葉面に沈着すると，その遮光作用によって葉に到達する光強度が低下し，純光合成速度（真の光合成速度から呼吸速度を差し引いた値）の低下を引き起こすことが知られている．常緑低木樹である *Viburnum tinus* の葉を対象とした暴露実験において，自動車の排気筒から採取した粉塵や黒色の顔料を暴露した結果，葉の純光合成速度が低下したことが報告されている．この時，葉のガス拡散抵抗（気孔拡散抵抗とおおむね同じ）は変化せず，照射した光強度あたりの純光合成速度が低下していたことから，粒子の暴露による純光合成速度の低下は，葉面上の粒子による気孔閉塞作用ではなく，遮光作用によって引き起こされたと考えられる．

図2.1に示したように，植物の葉の純光合成速度は光強度の増加にともなって上昇する．しかし，ある一定以上の光強度では，光強度の増加にともなう純光合成速度の上昇は認められなくなる（光-光合成曲線）．したがって，光吸収性のエアロゾルが葉面に沈着することによる遮光作用が光合成に及ぼす影響は，光強度の変化に対する純光合成速度の応答が顕著である弱光条件下で著しい．平野（1994）は，葉面上の粒子による遮光が光合成に及ぼす影響をキュウリ（*Cucumis sativus*）とインゲンマメ（*Phaseolus vulgaris*）を用いて詳細に検討した．暴露する粒子として，粒径の異なる土壌粒子（関東ローム粉，粒径1.9〜30 μm）やサブ

ミクロンサイズ（数百 nm）の BC 粒子を用いた．これらの粒子を気孔が閉じている暗条件下でキュウリとインゲンマメに暴露した結果，葉の純光合成速度の低下が認められ，その低下は弱光条件下で顕著であった．いずれの粒子を暴露した場合も，葉への沈着量が多いほど純光合成速度の低下は著しかったが，この関係は暴露した粒子の種類によって異なった．そこで，沈着したそれぞれの粒子による遮光率を考慮

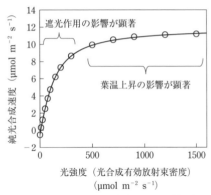

図 2.1 光に対する純光合成速度の応答（光-光合成曲線，ブナの測定例）

して葉に到達したと考えられる光強度を算出し，それを用いて光-光合成曲線を解析すると，暴露前後に差は認められず，ほぼ同一曲線上にプロットされた．このことは，粒子の暴露による純光合成速度の低下は，葉面に沈着した粒子の遮光作用によって引き起こされたことを示している．

　光-光合成曲線は，植物の種類や生育環境，その葉の群落内における着葉位置などによって異なることから，葉に沈着したエアロゾルの遮光作用が純光合成速度に及ぼす影響は植物種や生育環境によって異なると考えられる．また，粒子による遮光率は，粒子の沈着量だけでなく，沈着した粒子の光吸収特性の影響も受ける．そのため，葉面上の粒子の遮光作用を左右する要因として，葉に沈着した粒子の量と光吸収特性があげられる．

c. 葉温上昇

　強光条件下では，光強度の変化に対する純光合成速度の変化はわずかであることから，葉面に沈着した粒子による遮光が純光合成速度に及ぼす影響はわずかである．しかし，粒子による光の吸収は発熱をともなうことから，葉温の上昇が引き起こされる．Eller（1977）は，沿道に生育する常緑低木樹である *Rhododendron catawbiense* の葉を対象に，道路粉塵が付着した葉とそれを洗浄して取り除いた葉の日射の吸収スペクトルと葉温を測定した．その結果，道路粉塵の付着した葉では，700〜1350 nm の波長帯における吸収が 2 倍以上に増加しており，葉温も 2〜4℃高くなっていた（Eller, 1977）．平野（1994）は，土壌粒子（関東ローム粉，粒径 8 μm）やサブミクロンサイズの BC 粒子を気孔が閉じている暗条件下でキュ

ウリに暴露した後，光を照射すると葉温が上昇することを報告した．この葉温上昇の程度は，葉面の粒子の沈着量が多いほど著しく，光強度の増加にともなっても著しくなるが，それらの関係性は粒子の種類によって異なった．これらの結果は，葉面に沈着した粒子による葉温上昇の程度は，葉面に沈着した粒子の光吸収特性や沈着量，その時の光強度に依存することを示している．

粒子沈着による葉温上昇が植物の生理機能に及ぼす影響として，蒸散速度の上昇と純光合成速度の変化があげられる．蒸散とは，植物体から気体の形で水分が失われていく現象である．その速度は気孔の開度（気孔コンダクタンス）に大きく依存するが，その駆動力は葉内の絶対湿度と大気の絶対湿度の差である．葉内では水蒸気が飽和していると考えられることから，葉温の上昇は葉内の絶対湿度の上昇をもたらし，大気の絶対湿度との差が著しくなることによって蒸散速度が増加することが考えられる．一方，光合成には適温があり，適温域で最大値を示し，適温よりも低いまたは高い気温での純光合成速度は最大値を下回る．したがって，葉温上昇が適温域よりも低い気温で引き起こされた場合は純光合成速度が増加するのに対し，適温域よりも高い気温の場合は純光合成速度が低下すると考えられる．

前述した平野（1994）の葉温上昇が認められた BC 粒子暴露実験において，15〜40℃の気温でキュウリの葉の蒸散速度と純光合成速度を測定した．その結果，いずれの気温においても，蒸散速度は粒子の暴露によって増加していた．このことは，葉に沈着したエアロゾルによる葉温上昇作用によって，植物に水ストレスが引き起こされる可能性を示している．さらに，純光合成速度は，気温が25℃以下では粒子の暴露によって増加し，30℃以上では低下した．ここで，純光合成速度と葉温の関係を解析した結果，その関係は粒子の暴露の有無にかかわらず同一曲線上にプロットされた．したがって，粒子の暴露によって引き起こされた純光合成速度の変化は，葉温の上昇に起因すると考えられた．光合成の適温域は，植物の種類や生育環境によって異なることが知られている．したがって，葉面に沈着した粒子が引き起こす葉温上昇が光合成に及ぼす影響は，植物種や生育環境によって異なると考えられる．

d. 化学的影響

葉に沈着したエアロゾルの化学的影響は，自動車や火力発電所から排出される煤塵，道路粉塵，セメント工場からの粉塵などを用いた暴露実験によって報告さ

れている（たとえば Lerman and Darley, 1975；河野ほか, 1979）．

　インゲンマメの葉に火力発電所の煤塵を暴露すると，褐色斑点などの可視障害が発現することが報告されている．この可視障害の発現程度は，煤塵の潮解性が高く，その水溶液の電気伝導度が高く，pH が低いと著しい．この煤塵を水洗して得た不溶性物質を葉に暴露した場合は可視障害が発現しなかったことから，可視障害の発現には煤塵中の水溶性物質が関与していることが考えられている．煤塵の種類によって障害の程度は異なったが，硫酸塩やアンモニウム塩を多く含む重油・重原油煤塵でその程度は著しかった．そこで，このような煤塵中の成分に着目して可視障害の発現程度を検討したが，硫酸アンモニウムなどの主要成分だけでは煤塵による可視障害の発現程度を説明できなかった．しかし，微量金属元素である水溶性のバナジウムを同時に処理すると，障害の発現程度が相乗的に著しくなった．したがって，煤塵による可視障害の発現には主成分とそれ以外の成分との複合影響が重要な役割を果たしていると考えられる（河野ほか, 1979）．

　アルカリ性を示すセメント粉塵をインゲンマメに暴露すると，葉の純光合成速度の低下や葉がしおれて縁が丸まってしまう形態異常が引き起こされる．この形態異常は，セメント粉塵を葉に暴露した後に乾燥している状態を維持している場合には引き起こされず，粉塵の暴露後に霧露にさらすことによって引き起こされる．したがって，セメント粉塵による形態異常の発現においても，その水溶性成分の関与が考えられる．障害の程度はセメント粉塵の種類によって異なるが，水溶性成分のうち，KCl 含量が高い粉塵でその程度が著しかったことから，この障害には KCl が関与していることが考えられる．しかし，その他の成分との相乗的な影響も報告されていることから，セメント粉塵による形態異常の発現においても，主成分とそれ以外の成分との複合影響が重要な役割を果たしている可能性がある（Lerman and Darley, 1975）．

　以上のことから，エアロゾルの化学的影響は，葉面に沈着した粒子の水溶性成分が引き起こしていると考えられるが，その主成分だけでは影響の程度を説明できず，さまざまな成分の複合的な影響を受けていると考えられている．なお，純光合成速度に対する影響を評価した研究は硫酸アンモニウム粒子を用いた研究が多いため，2.3 節にまとめて後述する．

2.1.4 おわりに

本節で解説した植物に対するエアロゾルの直接影響を報告した研究は，粒径が数 μm 以上の粗大粒子を用いたものが多い．しかし，産業活動によって排出される $PM_{2.5}$ などの人為起源のエアロゾルは主に微小粒子として存在し，その平均的な粒径は数百 nm（サブミクロンサイズ）である．したがって，近年その健康影響に社会的関心が寄せられている $PM_{2.5}$ が植物に及ぼす影響を評価するためには，サブミクロンサイズのエアロゾルを用いた暴露実験が必要になる．2.2 節以降では，$PM_{2.5}$ の一種であるブラックカーボン粒子（2.2 節）と硫酸アンモニウム粒子（2.3 節）が植物に及ぼす影響に関する知見と今後の課題を解説する．

[山口真弘・伊豆田 猛]

■文献
河野吉久ほか（1979）電力中央研究所報告, **479001**, 1-14.
平野高司（1994）大阪府立大学紀要 農学・生命科学, **46**, 237-271.
Eller, B. M.（1977）*Environmental Pollution*, **13**, 99-107.
Lerman, S. L. and Darley, E. F.（1975）*Responses of Plants to Air Pollution*（Mudd, J. B. and Kozlowski, T. T. eds.）, Academic Press.
Wild, M.（2012）*Bulletin of American Meteorological Society*, **93**, 27-37.

2.2 植物に対するブラックカーボン粒子の影響

2.2.1 はじめに

ブラックカーボン（BC）粒子とは，石炭などの化石燃料の燃焼やバイオマス燃焼から生じる黒色の粒子である．その粒径は数百 nm のサブミクロンサイズであり，越境大気汚染物質である微小粒子状物質（$PM_{2.5}$）の一種である．BC 粒子は化学的に不活性であることから，BC 粒子が葉に沈着して及ぼす直接影響として，遮光や葉温上昇といった物理的影響が引き起こされる．BC 粒子が植物に及ぼす影響に関する実験的研究は非常に限られているが，これまでに，短期暴露実験によって個葉への影響を評価した研究や，長期暴露実験によって樹木の成長や生理機能に対する影響を評価した研究が報告されている．本節ではこのような研究例を紹介しながら BC 粒子の植物に及ぼす影響を解説し，野外で生育している植物に対する BC 粒子の影響評価に向けた今後の課題を述べる．

2.2.2　短期暴露実験

BC 粒子の短期暴露実験によって植物の葉のガス交換速度に及ぼす影響を評価した研究として，2.1 節で紹介したインゲンマメとキュウリを対象としたものがある（平野，1994）．この研究では，気孔が閉鎖する暗条件下でインゲンマメとキュウリの葉に BC 粒子を暴露して，純光合成速度を測定した．その結果，$0.3 \sim 1.5 \, \mathrm{g \, m^{-2}}$（葉の片面の面積あたり）の葉面 BC 沈着量によって，遮光作用による弱光条件下における純光合成速度の低下が認められた．また，気孔が閉鎖している状態のキュウリの葉に BC 粒子を暴露して葉温を測定した結果，$1.0 \, \mathrm{g \, m^{-2}}$（葉の片面の面積あたり）の葉面 BC 沈着量によって光強度の増加にともなう葉温上昇が認められた．この葉温上昇は，蒸散速度の増加，適温以下の気温条件下における純光合成速度の増加および適温以上の気温条件下における純光合成速度の低下を引き起こす（2.1.3 項 b，c 参照）．この研究では，BC 粒子による気孔閉塞作用の評価実験（明条件下での暴露）は行われていない．しかし，2.1 節で紹介した粒径が異なる 3 種の関東ローム粉（土壌粒子）を用いて気孔閉塞作用を示した実験では，いずれの粒子も $1.2 \, \mathrm{g \, m^{-2}}$（葉の片面の面積あたり）の沈着量であったが，粒径が小さいほうがその作用が著しいことが示されている．BC 粒子の粒径は数百 nm であり，3 種のうちもっとも粒径の小さい関東ローム粉（$1.9 \, \mu \mathrm{m}$）よりも小さい．したがって，$1.2 \, \mathrm{g \, m^{-2}}$（葉の片面の面積あたり）の葉面 BC 沈着量は，気孔閉塞作用を引き起こしうるレベルであると考えられる．

2.1 節で解説したとおり，エアロゾルによる遮光や葉温上昇の程度を決める要因は，粒子の沈着量と光吸収特性によって決まる遮光率である．本項で紹介した研究で，遮光や葉温上昇が認められたときの葉面 BC 沈着量による遮光率は $11 \sim 41 \%$ であった．したがって，BC 粒子の暴露によって葉が黒ずんでみえるようであれば，本節で述べたような BC 粒子の物理的影響が発現していると考えられる．

2.2.3　長期暴露実験

2.2.2 項で述べた BC 粒子の植物影響は，個葉を対象として短期的に高濃度の BC 粒子を暴露した実験で報告されているものである．そのような BC 粒子の物理的影響が野外で生育している植物に生じているかどうかを明らかにするためには，長期にわたって BC 粒子を植物に暴露し，その成長や生理機能に及ぼす影響を評価する必要がある．本項では，樹木に対する BC 粒子の長期暴露実験を行った

Yamaguchi *et al.*（2012a）の研究を紹
介する.

　樹木に対する BC 粒子の長期的な影響
を明らかにするための暴露実験に供試す
る樹種として，ブナ（*Fagus crenata*），
スダジイ（*Castanopsis sieboldii*），カ
ラマツ（*Larix kaempferi*）およびスギ
（*Cryptomeria japonica*）の 4 樹種を選
定した．これらの樹種は，日本の代表
的な落葉広葉樹，常緑広葉樹，落葉針

図 2.2　エアロゾルの暴露実験に用いた自然光型
ファイトトロン（東京農工大学農学部）

葉樹および常緑針葉樹である．4 樹種の苗木をポットに植栽し，自然光型ファイ
トトロン（図 2.2）で 2 成長期間にわたって育成した．各樹種の苗木に BC 粒子
の暴露を行う BC 暴露区と暴露を行わない対照区を設けた．なお，暴露した BC
粒子の粒径は数百 nm である．また，栽培期間中の灌水は，葉に水がかからない
ように土壌表面に直接行い，暴露した BC 粒子の葉面からの脱落の可能性を排除
した.

　これまで述べてきた BC 粒子の物理的影響を評価するために，育成期間中に各
樹種の葉の光–光合成曲線や強光条件下における葉温や蒸散速度，光合成における
気孔制限および水蒸気飽差の上昇に対する気孔コンダクタンスの応答性を測定し
た．しかしながら，いずれの樹種においても，BC 粒子の長期暴露による各測定
項目への有意な影響は認められず，BC 粒子による遮光作用，葉温上昇および気
孔閉塞作用は認められなかった．また，BC 粒子の成長に及ぼす影響を評価する
ために，育成終了時に各樹種の個体乾重量を測定した．しかしながら，いずれの
樹種においても，BC 粒子暴露の有意な影響は認められなかった.

　BC 粒子の物理的影響の程度を変化させる要因の 1 つとして葉面における BC 粒
子の沈着量があげられる．この長期暴露実験における葉面 BC 沈着量は 0.13〜
0.69 mg m^{-2}（葉の両面の面積あたり）であった．この値は，短期暴露実験にお
けるそれよりも著しく低い．したがって，短期暴露実験で報告されているような
BC 粒子の物理的影響が長期暴露実験で認められなかった理由として，葉面に沈
着した BC 粒子が少なかったことが考えられる．したがって，このレベルまでの
BC 粒子の葉面沈着量は，ブナ，スダジイ，カラマツおよびスギの苗木の成長や

葉のガス交換速度に影響を及ぼさないことが明らかになった.

2.2.4　野外で生育する植物に対するブラックカーボンの影響評価に向けて

a.　実験的研究と野外調査の乖離

これまで述べてきたように，遮光や葉温上昇といった BC 粒子が植物に及ぼす物理的影響の程度を決める要因の1つとして，葉面 BC 沈着量があげられる．そのため，野外で生育する植物に対する BC 粒子の影響を評価するためには，その葉面における BC 粒子の沈着量を調査する必要がある．野外の森林樹木の葉に沈着した BC 粒子の量を測定した研究は限られているが，その沈着量は2～26.8 mg m^{-2}（葉の両面の面積あたり）の範囲である（表2.2）．この値は，BC粒子の物理的影響が認められた短期暴露実験の値よりも著しく低く，影響が認められなかった長期暴露実験の沈着量よりも数十倍高い．このように，暴露実験における葉面 BC 沈着量と野外におけるそれとの間には乖離があるのが現状である．したがって，野外で生育する植物に BC 粒子の物理的影響が発現しているかどうかを評価するためには，野外で観測されるレベルの沈着量で暴露実験を行っていく必要がある．また，野外における葉面 BC 沈着量の報告例も少ないことから，そのような野外調査を継続してデータを蓄積していく必要がある．そのことによって野外で生育する植物に対する BC 粒子の影響を評価することができるため，葉面 BC 沈着量の測定は野外調査および暴露実験双方の研究において重要な共通項目となる.

表 2.2　葉面 BC 沈着量の文献値（山口・伊豆田，2016）

		植物種	沈着量（mg m^{-2}）*
暴露実験	短期	キュウリ	400～1500
		インゲンマメ	320～1400
	長期	ブナ	0.13
		スダジイ	0.69
		カラマツ	0.32
		スギ	0.58
野外調査 （調査地）		カラマツ（北海道）	2～14
		コナラ（東京）	10～15
		スギ（新潟）	26.8
		アカシア（タイ）	10.8

＊短期暴露実験では葉の片面の面積あたり，それ以外では葉の両面の面積（表面積）あたりの沈着量.

b. 葉面 BC 沈着量の測定

　葉に沈着した粒子には，葉表面に存在するワックスに強固に付着して降水などでは流されない粒子があり，多くの BC 粒子はそこに含まれている．したがって，葉面に沈着した BC 粒子を回収するために，クロロホルムなどの有機溶媒を用いてワックスを溶解することによって BC 粒子を回収する（たとえば Sase *et al.*, 2012）．

　暴露実験で測定対象とする葉は，個葉の暴露実験においてはその葉を，苗木などを用いた暴露実験では代表的な葉を対象とする．野外調査においては，目的林分内において外気に十分暴露されている葉（樹冠部の葉）を選ぶ．採取後の実験室への運搬に際しては，コンタミネーションを避けるためにポリ袋に入れるが，その際，詰め込みすぎて枝葉の互いの接触によって葉面が摩滅されないように留意する．

　実験室では葉を 1 枚 1 枚切り分けるが，その際，可能な限り葉齢ごとに区別する．切り分けた葉はまず降水などによって洗い流される成分や土壌粒子などを洗い流すために，脱イオン水で 3 分程度浸漬洗浄する（図 2.3a）．なお，水溶性の粒子の沈着量を評価したい場合はこの洗浄水をイオン濃度の分析に供試すればよいが，葉内からのイオン溶出に留意し，洗浄時間を検討する必要がある（たとえば Motai *et al.*, 2017）．また，水溶性の粒子の沈着量は無降雨期間の長さの影響を受けるため，その評価には葉の出葉から採取までの期間の目的林分における降水量などを考慮する必要がある．一方，近年，街路樹による $PM_{2.5}$ 濃度低減効果を評価するための研究において，脱イオン水のみの洗浄によって葉面に沈着した粒子の全量を回収したとしている報告例が認められているが，前述のとおり，葉のワックスに強固に付着して降水などでは流されない粒子があるため，脱イオン水のみの洗浄ではそれらを抽出できず，植物種によっては葉の撥水性が高いことか

図 2.3 葉面に沈着した粒子の回収の様子［口絵 3 参照］
（a）水およびクロロホルムで葉を順次洗浄，（b）洗浄液の濾過，（c）濾紙上に捕集された BC 粒子などの葉面沈着粒子．

ら，脱イオン水のみの洗浄で回収した粒子を葉に沈着した粒子の全量とするのは誤りである．

　脱イオン水による洗浄後，清浄なキムタオルなどの上に洗浄した葉を並べ，室温または温風で葉の表面に残った洗浄水を乾燥させる．表面が乾いた葉を共栓つき三角フラスコに入れ，このフラスコにクロロホルムを注ぎ，20秒程度，振とう洗浄する（図2.3a）．葉の試料はトータルで5g程度あれば十分である．葉面BC沈着量を葉面積あたりで評価する場合は，クロロホルム洗浄後の葉の面積を測定し，乾燥重量あたりで評価する場合はその葉の乾燥重量を測定する．

　葉の洗浄に用いたクロロホルムは，石英繊維フィルターを用いて濾過する（図2.3b，c）．石英繊維フィルターを用いる理由は，後述する元素状炭素量の測定に供試可能であるからである．しかし，液体中の微小粒子の捕集効率には不確実性が残るため，このフィルターを用いた濾過は自然落下を基本とし，目詰まりによって濾過が難しくなった場合のみ，弱い圧力で吸引する．このフィルターに捕集された粒子には，BC粒子や重金属を主成分とする粒子などが含まれている．そのため，このフィルター中の元素状炭素の量を thermal optical reflectance（TOR）法（IMPROVE法）などによって測定することによってBC量を算出する．また，このフィルターの金属成分を測定することによって，野外で生育する樹木の葉面に沈着した粒子の発生源の推定に利用することもできる（Yamaguchi *et al.*, 2019）．金属成分のみを対象とする場合は，微小粒子の捕集効率に不確実性が残る石英繊維フィルターを用いるよりも，粒子の捕集がより確実なPTFEフィルターを用いる，または両者を併用するのがよいと考えられる．なお，この濾液にはワックスが溶解していることから，蒸発乾固させることによって葉面のワックス量を求めることができる．

　TOR法による元素状炭素量の測定には時間を要することから，多数のサンプルを測定するには膨大な時間を要する．一方，積分球を利用した光学的手法によって短時間でBC量を定量する簡易的手法も提案されている．これは，積分球を使って濾過に用いた石英繊維フィルターの吸光度を測定し，代表的なサンプルの吸光度と元素状炭素量との関係式（検量線）を作成し，各フィルターの吸光度からBC量を推定する方法である（Yamaguchi *et al.*, 2012b）．この手法では，対象とするサンプル中に光吸収特性をもつ物質が含まれていると測定精度が低下するため，吸光度を測定する波長の検討が必要である．

　2.1 節で解説したとおり，葉に沈着したエアロゾルによる遮光や葉温上昇の程度を決める要因は，粒子の沈着量と光吸収特性によって決まる遮光率である．光吸収性の粒子は BC 粒子だけではないため，葉面に沈着した粒子による遮光率を総合的に評価したい場合は，粒子の捕集が確実な PTFE フィルターを用い，そのフィルターの吸光度を積分球を用いて測定するほうが適切であるとも考えられる．この場合においても，植物由来の成分による吸収を除外する必要があることから，適切な波長の検討などが必要である．

2.2.5　お わ り に

　BC 粒子は化学的に不活性であることから，植物に対して遮光や葉温上昇などの物理的な影響を引き起こす．しかしながら，現在のところ，野外で生育する植物に対する BC 粒子の影響を評価するための知見は限られている．そのため，野外濃度レベルの BC 粒子暴露実験と葉面 BC 沈着量の野外調査を今後も進めていく必要がある．後者に関しては，2.4 節で述べるような乾性沈着量推計も非常に有用である．一方，遮光や葉温上昇を引き起こす光吸収性の粒子は BC 粒子だけではないことから，それらの粒子の影響を総合的に評価するためには，葉面に沈着した粒子による遮光率が重要になる．そのような測定項目も，野外で生育している植物に対するエアロゾルの物理的影響を評価するために必要である．

［山口真弘・伊豆田　猛］

■文献
平野高司（1994）大阪府立大学紀要　農学・生命科学，**46**, 237-271.
山口真弘・伊豆田　猛（2016）大気環境学会誌，**51**，A30-A36.
Motai, A. *et al.*（2017）*Atmospheric Environment*, **169**, 278-286.
Sase, H. *et al.*（2012）*Asian Journal of Atmospheric Environment*, **6**, 246-258.
Yamaguchi, M. *et al.*（2012a）*Asian Journal of Atmospheric Environment*, **6**, 259-267.
Yamaguchi, M. *et al.*（2012b）*Asian Journal of Atmospheric Environment*, **6**, 268-274.
Yamaguchi, M. *et al.*（2019）*Journal of Agricultural Meteorology*, **75**, 30-38.

2.3　植物に対する硫酸アンモニウム粒子の影響

2.3.1　は じ め に

　硫酸アンモニウム（ammonium sulfate: AMS, $(NH_4)_2SO_4$）粒子は，石炭など

の化石燃料の燃焼にともなって排出された二酸化硫黄が大気中で酸化されて生じた硫酸とアンモニアガスとの中和反応によって生成される．2.2節で述べたBC粒子と同様，その粒径はサブミクロンサイズであり，越境大気汚染物質である微小粒子状物質（PM$_{2.5}$）の一種である．しかし，BC粒子とは異なり，AMS粒子は潮解性が高く，植物はその溶質である硫酸イオンやアンモニウムイオンを代謝する経路をもっている．したがって，葉に沈着したAMS粒子は植物に対して化学的影響を引き起こす．サブミクロンサイズのAMS粒子が植物に及ぼす影響に関する実験的研究は非常に限られているが，これまでに比較的高濃度のAMS粒子を短期的に植物に暴露して光合成に対する影響や葉に発現する可視障害を評価した研究がなされている．また，近年，植物の成長影響を評価した暴露実験の研究も報告されている．本節では，このような研究例を紹介しながら，AMS粒子の植物に及ぼす影響を解説する．

2.3.2　葉のガス交換速度に及ぼす影響と可視障害の発現

高濃度のAMS粒子を用いた短期暴露実験として，インゲンマメ（*Phaseolus vulgaris*），ダイズ（*Glycine max*），トウモロコシ（*Zea mays*），バーオーク（*Quercus macrocarpa*，落葉広葉樹）を用いた研究が報告されている．Martin *et al.* (1992) は，ダイズ，トウモロコシおよびバーオークに野外濃度の10～数十倍の濃度である約600 μg SO$_4^{2-}$ m^{-3}のAMS粒子を2～5時間暴露した．その結果，ダイズとバーオークの純光合成速度にAMS粒子暴露の有意な影響は認められなかったが，トウモロコシのそれは有意に低下した．その低下程度は約1割であり，暴露したAMS粒子の濃度は高濃度であったことから，Martin *et al.* (1992) は野外におけるAMS粒子の光合成影響はわずかであろうと考察している．なお，この報告では，サブミクロンサイズの硝酸カリウム（KNO$_3$）粒子の暴露によってバーオークの純光合成速度が低下し，硝酸アンモニウム（NH$_4$NO$_3$）粒子の暴露によってダイズの純光合成速度が増加することも報告されている．

インゲンマメを対象とした研究では，野外濃度の100倍以上である15～26 mg m^{-3}のAMS粒子を最長で3週間にわたって暴露した結果，葉の白化（クロロシス）などの可視障害が発現することが報告されている．このような葉における可視障害発現の程度は，葉縁で著しく，暴露時の相対湿度が高いと著しいことが報告されている．葉縁で可視障害が著しかった原因としては，葉縁は葉面境

界層抵抗が比較的低いため，AMS 粒子の沈着量が多かったことが考えられている．一方，相対湿度が高いと可視障害が著しい原因として，AMS 粒子の吸湿にともなう粒子成長が沈着速度を増加させた可能性が指摘されている．これらの結果は，AMS 粒子による可視障害発現の程度に及ぼす要因として AMS 粒子の葉面への沈着量が重要であることを示している．この報告では，AMS 粒子の暴露によって葉の気孔抵抗が低下する（気孔コンダクタンスが増加する）ことも報告されている．このメカニズムは当時は不明であったが，このような現象に関する研究の進展が近年認められていることから，2.3.3 項では，AMS 粒子などの潮解性粒子の葉面における挙動を解説する．

2.3.3 葉面における潮解性粒子の挙動

2.3.2 項で述べた AMS 粒子による気孔コンダクタンスの増加に関連する知見を，葉面に沈着した AMS 粒子などの潮解性の粒子の挙動に関する知見を整理した Burkhardt（2010）でまとめられた研究を紹介しながら解説する．

野外で生育するヨーロッパアカマツ（*Pinus sylvestris*）の針葉を採取し，相対湿度をコントロールできるチャンバー内で葉面における電気伝導度を測定すると，大気の相対湿度の増加にともなって葉面の電気伝導度が高くなることが報告されている．このことは，湿度の上昇によって葉面上に水の薄膜が生じた可能性を示している．この湿度の上昇にともなう電気伝導度の増加は，純水で十分に洗浄した針葉では認められなかったことから，針葉の葉面には吸湿性の塩が存在していたと考えられる．

同様の現象は，暴露実験からも報告されている．潮解性の粒子であるサブミクロンサイズの硝酸ナトリウム（$NaNO_3$）粒子を暗条件下で暴露したソラマメ（*Vicia faba*）とイワミツバ（*Aegopodium podagraria*）の葉では，大気湿度の上昇にともなって葉面の電気伝導度が上昇した．この電気伝導度の上昇は，硝酸ナトリウムの潮解湿度付近で顕著であったことから，葉面に沈着した硝酸ナトリウム粒子が大気中の水分（水蒸気）を吸湿して潮解することを示している．さらに，硝酸ナトリウム粒子が潮解しない低湿度条件下でも，光を照射すると葉面の電気伝導度は上昇した．この時，気孔コンダクタンスの上昇も認められた．しかしながら，このような現象は気孔が存在しないイワミツバの葉の向軸面では認められなくなることから，葉面に沈着した潮解性粒子は気孔から放出された水蒸気を吸

湿して潮解することを示している.

　葉面に沈着した潮解性粒子の挙動を調べるために，塩化ナトリウム（NaCl）などの潮解性粒子を暴露した葉を，湿度などを制御できる環境制御型走査電子顕微鏡（environmental scanning electron microscope: ESEM）を用いて観察した研究がある．この研究では，加湿にともなって粒子が潮解し，除湿によって析出する様子が観察されている．加湿と除湿を繰り返していくと，粒子はその形を徐々に失い，最終的には葉面上にフィルム状に張りつくように広がる様子が観察された．同様の実験を AMS 粒子で行った研究では，潮解した粒子は気孔開孔部の内側まで広がって葉内に到達している様子が観察されている．このことは，葉面に沈着した AMS 粒子などの潮解性粒子は，葉から放出される水蒸気を吸湿して潮解し，気孔の開孔部を通じて葉内まで広がり，その溶質が葉内に吸収されうることを示している．さらに，この研究では，気孔が閉じているはずの暗条件下で測定した葉の水蒸気気孔拡散コンダクタンスが AMS 粒子の暴露によって増加した．このことは，葉の表面から内側まで広がった硫酸アンモニウム塩の葉の表面側では水分が蒸発し，それにともなって葉の内側では水が吸収されて葉の表面側に輸送されるという，塩を介した葉内から大気への水の移動が生じ，気孔が閉じた状態であっても葉から水分が失われていく可能性を示している．このような現象をBurkhardt（2010）は hydraulic activation of stomata（HAS）とよんでいる．AMS 粒子などの潮解性粒子の葉面への沈着は HAS を引き起こすことによって夜間の水分損失を助長し，植物に水ストレスを引き起こす可能性がある.

2.3.4　野外濃度レベルの硫酸アンモニウム粒子が植物に及ぼす影響

　2.3.2項で紹介した研究は，野外濃度と比較するとかなり高濃度の AMS 粒子を暴露した実験である．しかしながら，これまで紹介してきたような AMS 粒子の植物影響が野外で起こりうるかを考えるためには，野外で観測される濃度レベルの AMS 粒子の暴露実験を行う必要がある．本項では，野外で観測される濃度レベルのサブミクロンサイズの AMS 粒子が農作物や樹木に及ぼす影響を評価した実験的研究を紹介する.

a.　農作物に対する影響

Motai *et al.*（2017）は，自然光型ファイトトロン（図2.2）を用いてコマツナ（*Brassica rapa* var. *perviridis*）を栽培し，サブミクロンサイズの AMS 粒子を 16

日間にわたって暴露した．処理区として，AMS粒子の暴露を行うAMS暴露区と暴露を行わない対照区を設けた．暴露期間中に，1時間の暴露作業を1日3回行うことによって，平均22.5 μg SO_4^{2-} m^{-3}のAMS粒子の暴露を行った．なお，栽培期間中の灌水は葉に水がかからないように土壌表面に直接行い，葉面に沈着したAMS粒子の溶脱の可能性を排除した．その結果，コマツナの個体乾重量や収量はAMS粒子の暴露によって有意に低下した．コマツナの成長解析を行った結果，純同化速度がAMS粒子の暴露によって低下した．また，AMS粒子の暴露によって日中の気孔コンダクタンスも低下していたことから，気孔閉鎖によって純光合成速度が低下し，成長や収量の低下が引き起こされたと考えられる．

　AMS粒子による日中の気孔コンダクタンスの低下は，2.3.3項で解説したHASの形成とそれにともなう夜間の水分損失の助長によって引き起こされた可能性がある．Motai *et al.*（2018）は，AMS粒子がコマツナの夜間の気孔コンダクタンスに及ぼす影響を調査した．その結果，AMS粒子の暴露によって夜間の気孔コンダクタンスは有意に上昇していた（図2.4）．この上昇程度はAMS粒子暴露後の時間経過とともに縮小したが，この研究結果は，野外で観察されるレベルの濃度のAMS粒子はHASの形成にともなう夜間の水分損失を助長させ，日中に水ストレスを引き起こしうることを示している．

b.　樹木に対する影響

　Yamaguchi *et al.*（2014）は，日本の代表的な樹木であるブナ，スダジイ，カラマツおよびスギの苗木を用いて，サブミクロンサイズのAMS粒子暴露の長期的な影響を評価した．4樹種の苗木をポットに植栽し，自然光型ファイトトロン（図2.2）で2成長期間にわたって育成した．各樹種の苗木にAMS粒子の暴露を行うAMS暴露区と暴露を行わない対照区を設けた．暴露期間中に，20〜30分の暴露

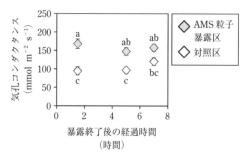

図2.4　コマツナの葉における夜間の気孔コンダクタンスに対するAMS粒子の影響（Motai *et al.*, 2018）

各値は葉の向軸面と背軸面の測定値をプールした3チャンバー反復の平均値（エラーバーはその標準誤差）．異なるアルファベットのついた値間には有意な差があることを示す（Tukey's HSD test, $p<0.05$）．

作業を1日1～2回行うことによって2.73～4.32 µg SO$_4^{2-}$ m^{-3}のAMS粒子の暴露を行った．なお，栽培期間中の灌水は葉に水がかからないように土壌表面に直接行い，葉面に沈着したAMS粒子の溶脱の可能性を排除した．

　AMS粒子の成長に及ぼす影響を評価するために，育成終了時に各樹種の個体乾重量を測定したが，いずれの樹種においてもAMS粒子の有意な影響は認められなかった．また，育成期間中に測定したブナ，スダジイ（当年葉，旧年葉）およびカラマツの葉の純光合成速度にもAMS粒子の有意な影響は認められなかった（図2.5 a～d）．しかし，2成長期目の夏季と秋季に測定したスギの針葉の純光合成速度にAMS粒子の有意な影響が認められ，スギの当年葉のそれは増加し，旧年葉のそれは低下した（図2.5 e, f）．これらの結果から，2成長期間にわたる野外濃度レベルのAMS粒子の暴露は，4樹種の個体乾物成長には有意な影響を及ぼさないが，純光合成速度に対する硫酸アンモニウム粒子の影響には樹種間差異があり，スギの針葉は影響を受けやすいことが明らかになった．

　AMS粒子の植物に対する害作用の程度を左右する要因として，同粒子の葉面への沈着量が重要である．そこで，葉面におけるAMS粒子の沈着量を4樹種で比較したところ，スギでもっとも多かった．広葉樹と比較すると，針葉樹の個葉

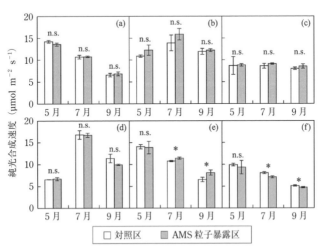

図2.5　葉の純光合成速度に対するAMS粒子の影響（Yamaguchi *et al.*, 2014）
AMS粒子暴露2年目における測定値．(a) ブナ，(b) スダジイ当年葉，(c) スダジイ旧年葉，(d) カラマツ，(e) スギ当年葉，(f) スギ旧年葉．
t-test: *p<0.05, n.s. = not significant.

は小さく，着葉構造が複雑であることから，粒子の沈着速度は高いことが報告されている（2.4節参照）．したがって，スギの純光合成速度が AMS 粒子の影響を受けやすかった原因として，スギの針葉への AMS 粒子の沈着量が多かったことが考えられる．

AMS 粒子のような潮解性粒子は HAS を形成することによって，その溶質が葉内に取り込まれる可能性が指摘されている．また，葉面上の液滴などに含まれる低分子の溶質はクチクラを浸透して葉内に取り込まれることも知られている（Bielenberg and BassiriRad, 2005）．前述の Yamaguchi *et al.*（2014）は，AMS 粒子の暴露によって純光合成速度の有意な増加が認められたスギ当年葉の葉内成分を分析した．その結果，葉内の硫酸イオン（SO_4^{2-}）濃度に AMS 粒子暴露の有意な影響は認められなかったが，葉内のアンモニウムイオン（NH_4^+）濃度，遊離アミノ酸濃度およびタンパク質濃度が AMS 粒子の暴露によって有意に増加した（図2.6）．このことは，葉面に沈着した AMS 粒子が潮解して葉内に吸収され，それらがアミノ酸やタンパク質に代謝された可能性を示しており，このことによって純光合成速度の増加が引き起こされたと考えられる．この結果は，AMS 粒子などの潮解性粒子は，気孔またはクチクラを介して葉内に吸収され，葉内成分を変化させることを示している．したがって，AMS 粒子は農作物の品質，とくに葉を可食部とする葉菜類の品質に影響を与える可能性がある．今後は，農作物の成長，収量および生理機能だけでなく，その品質に対する AMS 粒子の影響に着

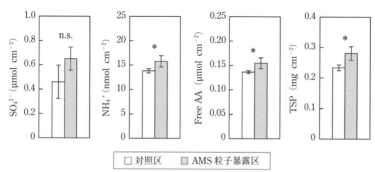

図2.6 スギ当年葉の硫酸イオン（SO_4^{2-}）濃度，アンモニウムイオン（NH_4^+）濃度，遊離アミノ酸（Free AA）濃度および可溶性タンパク質（TSP）濃度に対する AMS 粒子の影響（Yamaguchi *et al.*, 2014）
AMS 粒子暴露 2 年目の夏季における測定値．*t*-test: *$p<0.05$，n.s. = not significant.

目した研究も行っていく必要がある．

2.3.5　お わ り に

　これまで述べてきたように，AMS 粒子は葉面に沈着して潮解し，葉の水分状態を悪化させて植物の成長を低下させることや葉内に吸収されて葉の栄養状態と光合成能力を変化させることが暴露実験によって示されている．しかし，本節で紹介した暴露実験は，降水などによる AMS 粒子の葉面からの洗い流しが生じないように行われた実験である．したがって，これまで述べてきたような AMS 粒子の影響が野外で生育している植物に生じるかどうかを明らかにするためには，さらなる実験的研究が必要である．また，AMS 粒子の植物影響を左右する大きな要因として，その葉面への沈着量があげられる．したがって，野外で生育している植物に対する AMS 粒子の影響を評価するためには，AMS 粒子の葉面沈着量を測定する必要がある．　　　　　　　　　　　　　　　　[山口真弘・伊豆田　猛]

■文献
Bielenberg, D. G. and BassiriRad, H.（2005）*Nutrient Acquisition by Plants: An Ecological Perspective*（BassiriRad, H. ed.），Springer.
Burkhardt, J.（2010）*Ecological Monographs*, **80**, 369-399.
Martin, C. E. *et al.*（1992）*Atmospheric Environment*, **26**, 381-391.
Motai, A. *et al.*（2017）*Atmospheric Environment*, **169**, 278-286.
Motai, A. *et al.*（2018）*Atmospheric Environment*, **187**, 155-162.
Yamaguchi, M. *et al.*（2014）*Atmospheric Environment*, **97**, 493-500.

2.4　森林におけるエアロゾルの乾性沈着

2.4.1　は じ め に

　エアロゾル（aerosol）とは，気体中に液体や固体の微粒子が浮遊している系のことをいう．とくに，大気中に浮遊している液体や固体の微粒子を大気エアロゾル粒子といい，これを単にエアロゾルあるいは粒子とよぶこともある．エアロゾルの大きさはその直径で代表され，これを粒径という．粒径がおおむね 10 μm よりも小さい粒子は，重力の影響が小さく，大気中に長く浮遊する．エアロゾルはナノサイズから 10 μm 程度まで幅広い粒径に分布しているため，その粒径分布は対数スケールで表す．典型的なエアロゾルの質量濃度の粒径分布は，対数スケー

ルに対して二山分布を示す（図2.7
参照）．それぞれの山は，その生成
過程が異なる粒子群により構成され
ている．0.1 ～ 1 μm の範囲に分布
する粒子を微小粒子（fine particle）
といい，主に燃焼にともない発生す
る粒子や大気中の反応により気体か
ら変換された粒子が凝集して形成さ

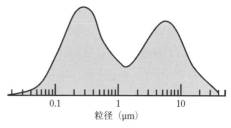

図2.7　典型的なエアロゾル質量濃度の粒径分布

れる．2.2節のブラックカーボンは化石燃料やバイオマスの燃焼にともない発生
する微小粒子であり，2.3節の硫酸アンモニウム粒子は SO_2 が粒子化してできた
硫酸粒子に NH_3 が反応して生成された微小粒子である．その他の微小粒子として，
硝酸アンモニウム粒子や有機炭素粒子などがある．1 ～ 10 μm の範囲に分布する
粒子を粗大粒子（coarse particle）といい，砂塵として舞い上がった土壌粒子や
波しぶきによる海塩粒子など，地表面から発生してそのまま浮遊する粒子から構
成される．

　健康影響の観点では，微小粒子のほうが粗大粒子に比べて毒性が強い．環境基
準が定められている微小粒子状物質（$PM_{2.5}$）は，2.5 μm 以下の粒子のことであ
り，微小粒子の分布の山をカバーしている．

2.4.2　乾性沈着と沈着速度

　乾性沈着（dry deposition）は，大気中の物質が地表面に沈着する大気沈着過程
の1つである．大気沈着の主な過程には，物質が雲や降水に取り込まれて地表面
に沈着する湿性沈着（wet deposition）と物質が降水を介さずガス状または粒子
状の状態のまま地表面に沈着する乾性沈着がある．山岳地域など雲や霧に覆われ
ることが多い場所では，湿性・乾性沈着のほかに，雲・霧沈着も主要な沈着過程
になる．

　エアロゾルの乾性沈着過程に大きな影響を与えているのは，拡散と粒径である．
拡散は，大気の乱流拡散と沈着面近傍における粒子のブラウン拡散があり，とも
に乾性沈着過程に影響を及ぼす．粒径が小さいほどブラウン拡散が大きくなり，
乾性沈着しやすくなる．一方，粒径が大きいほど重力沈降の影響が大きくなり，
乾性沈着しやすくなる．両者の影響があまり及ばない粒径範囲が0.1 ～ 1 μm 付

近となり，微小粒子は乾性沈着しにくいと考えられてきた．これはエアロゾルの物理的性質のみを考慮した考えであるが，近年，化学的性質が乾性沈着に影響を与えている観測結果が示されている（2.4.4項参照）．

一方，大気中の濃度も乾性沈着に影響を与える．物質の濃度が高くなれば，その物質の乾性沈着量は大きくなる．したがって，上記のような乾性沈着のメカニズムを理解するためには，濃度の影響を除いて考える必要がある．そのため，式（2.1）のように，乾性沈着量（F）を濃度（C）で割ったものを沈着速度（deposition velocity）（V_d）と定義し，乾性沈着のしやすさ（しにくさ）の指標とする．

$$V_d = F / C \tag{2.1}$$

乾性沈着量は，水平方向の単位面積中に単位時間あたり通過する物質の量，すなわちフラックス（$\mathrm{kg\ m^{-2}\ s^{-1}}$）と考え，それを濃度（$\mathrm{kg\ m^{-3}}$）で割った沈着速度は速度（$\mathrm{m\ s^{-1}}$）の次元をもつ．大気汚染物質の沈着速度の単位は，実際の環境のレベルにあわせて $\mathrm{cm\ s^{-1}}$ を用いることが多い．

2.4.3 乾性沈着の直接測定法

森林などの地表面への乾性沈着量を測定する方法として，濃度勾配法，渦相関法，緩和渦集積法，林内雨樹幹流法などがある（松田，2017）．ここでは，本章で扱う硫酸アンモニウム粒子やブラックカーボン粒子などのエアロゾル成分の乾性沈着量を測定する手法として実用化されている濃度勾配法と緩和渦集積法を解説する．

a. 濃度勾配法

濃度勾配法（gradient method）は，乾性沈着量を鉛直方向の拡散フラックスと仮定し，定常状態の条件下で拡散フラックスは濃度勾配に比例するというフィック（Fick）の第1法則を適用する方法である．鉛直方向上向きを正とし，大気から沈着面に向かって減衰する濃度勾配を Δc とすると，乾性沈着量（F）は以下の式（2.2）から求められる．

$$F = -D\Delta c \tag{2.2}$$

ここで，D は乱流拡散による拡散速度である．Δc は沈着面より上の2高度の濃度差から算出する．これは，濃度差を測定する2高度の間に物質を吸収あるいは放出する物体があってはならないことによる．森林の場合，樹木より上の2高

3次元超音波風速計 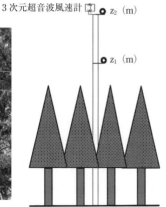 z_2 (m)

z_1 (m)

図 2.8 森林における濃度勾配法観測の事例(東京農工大学 FM 多摩丘陵)

度で測定する必要があることから観測鉄塔が必要となる(図 2.8).図 2.8 の場合,森林の樹木上の高度 z_1 と z_2 の濃度を用いて,以下の式から Δc を求める.

$$\Delta c = C_2 - C_1 \tag{2.3}$$

ここで,z_1 と z_2 それぞれの濃度を C_1,C_2 とする.物質が沈着面へ乾性沈着している場合,$C_2 > C_1$ となり,森林から物質が放出される場合,$C_2 < C_1$ となる.D はつねに正の値なので,式(2.2)より,F は沈着が負の値を,放出が正の値を示す.なお,濃度勾配測定において,下の高度(z_1)が沈着面に近すぎると乱流の理論が成り立たなくなるため,補正が必要になる.拡散速度 D は,乱流パラメータの測定値から算出される.一般に,大気汚染物質の拡散速度 D は 3 次元超音波風速計を使って,3 次元の風速データから算出する場合が多い(Matsuda *et al.*, 2010).

b. 緩和渦集積法

水平方向の単位面積を上方向へ通過した量と下方向へ通過した量を測定し,正味の通過量を求めることができれば,より直接的にフラックスを測定することができる.通過量すなわちフラックス($kg\ m^{-2}\ s^{-1}$)は,風速の鉛直成分($m\ s^{-1}$)とその時の濃度($kg\ m^{-3}$)を測定して掛け合わせることによって得られる.一方,地表面近くの風は渦をなし,その鉛直成分は $0.1 \sim 1$ 秒程度の頻度で上下に変動しているため,同程度の頻度で濃度も測定する必要がある.CO_2 などの温室効果ガスの濃度レベルではこのような高時間分解能の濃度測定が可能で,このようなフラックス測定法を渦相関(eddy correlation: EC)法という.一方,エアロゾル

成分のようにフィルターなどに一定期間の捕集を行い集積して濃度を測定する濃度レベルでは，渦相関法に適用できる測定器は普及していない．そこで，渦相関法の考え方に基づき，風速の鉛直成分が上向き時と下向き時の二系統に分けて物質を捕集して集積し，それぞれの濃度から上下の通過量を推定してフラックスを求める方法として緩和渦集積（relaxed eddy accumulation: REA）法が開発されている（Matsuda *et al.*, 2015）．

緩和渦集積法を適用したPM$_{2.5}$成分および硝酸ガスのフラックス測定システムの写真を図2.9に示す．図2.9（a）はガスおよび粒子の捕集部で，上部の分粒装置（サイクロン）で粗大粒子を除去した後，風速の鉛直成分がプラス側とマイナス側の2つの捕集ラインに分かれる．プラスマイナスの判定は，図2.9（b）の左上で（a）の捕集部の近くに設置してある3次元超音波風速計によって行い，その判定に従って電磁弁制御器（図2.9b右下の箱）が捕集ラインを切り替える．

緩和渦集積法では，以下の式（2.4）からフラックスを求める．

$$F = \beta \sigma_w (C^+ - C^-) \tag{2.4}$$

ここで，βは実験係数，σ_wは鉛直風速の標準偏差，C^+およびC^-はそれぞれ鉛直成分がプラス時とマイナス時の平均濃度である．βは，3次元超音波風速計の測定値から渦相関法により求めた顕熱フラックス（F_h）と風速の鉛直成分がプラス時とマイナス時のそれぞれの平均気温T^+およびT^-を求め，物質フラックスの式

図2.9　森林における緩和渦集積法観測の事例
（a）ガスおよび粒子の捕集部，（b）電磁弁切替サンプリングシステム（東京農工大学FM多摩丘陵）．

(2.4) と同じ形の顕熱フラックスの式 (2.5) を立てて求める.

$$F_h = \beta \sigma_w (T^+ - T^-) \qquad (2.5)$$

緩和渦集積法では,捕集期間の鉛直風の大きさを代表する値として σ_w を用い,物質フラックスと顕熱フラックスの β が同じと考えて,フラックスを求める.

2.4.4 森林におけるエアロゾルの沈着速度

エアロゾルの沈着速度は,対数軸の粒径に対して U 字型に分布する (図 2.10).これは,粒径が大きいほど重力沈降の影響が大きく,粒径が小さいほどブラウン拡散が大きくなり,沈着しやすくなるためである.両者の影響があまり及ばない 0.1 〜 1 μm 付近の沈着速度が最小となり「U 字型」の分布ができる.一方,森林においては,従来の理論による沈着速度と観測による沈着速度の間では,この 0.1 〜 1 μm 付近において大きな隔たりがみられる (図 2.10).この沈着速度の大きな隔たりには,草地や土壌に比べて森林の構造はきわめて複雑であり,従来の理論に考慮されていないメカニズムが森林において顕著に効いているのではないかと考えられている.たとえば,乾いた面よりも濡れた面のほうがエアロゾルの捕集効率は高い.降水や霧などで濡れた場合,草地や土壌に比べて森林の濡れ面積は大きく,かつ,濡れの保持時間も長いと考えられ,沈着速度が大きくなる可能性がある.また,0.1 〜 1 μm 付近に存在する硫酸塩粒子などの微小粒子は,吸湿性のあるものが多い.上記のように,キャノピー全体が濡れていたり,葉が蒸散を

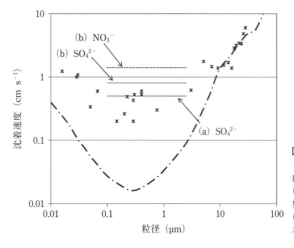

図 2.10 森林におけるエアロゾルの粒径と沈着速度の関係
曲線:理論計算値,*:各観測値 (Petroff *et al.*, 2008),直線:緩和渦集積法による PM$_{2.5}$ 成分の観測値 ((a) Matsuda *et al.*, 2010;(b) 坂本ほか,2018).

行っていたりすると，沈着面付近の相対湿度が高くなり，吸湿性粒子は水蒸気を吸収し粒径が大きくなる可能性がある（粒子成長）．この粒子成長によって慣性衝突や重力沈降の影響が大きくなり，粒子が沈着しやすくなるというメカニズムも指摘されている（Katata *et al.*, 2014）．

さらに，同じ微小粒子であっても，硫酸アンモニウム粒子と硝酸アンモニウム粒子の沈着速度に違いがみられる（図2.10）．これは，硫酸アンモニウム粒子は不揮発性であるのに対し，硝酸アンモニウム粒子は半揮発性であり大気中においてガス状の HNO_3 や NH_3 との間で以下の平衡状態にあるという化学的性質の違いに起因する可能性が示唆されている（坂本ほか，2018；Nakahara *et al.*, 2019）．

$$NH_4NO_3 \text{（p）} \Leftrightarrow HNO_3 \text{（g）} + NH_3 \text{（g）} \tag{2.6}$$

ここで，（p）は粒子，（g）はガスを表す．北海道天塩研究林における観測では，日中，日射の当たる樹冠上部の葉面では気温よりも数度温度が高くなり，その温度差によって硝酸アンモニウム粒子は葉面付近で10%程度揮発するという試算がある（Nakahara *et al.*, 2019）．ガス化した HNO_3 はガスのなかでも沈着速度が大きい成分であり，すみやかに沈着面へ沈着すると考えられ，結果として，硝酸アンモニウム粒子の沈着が表面近傍で促進されることになる．

上記のような微小粒子の性質と森林への乾性沈着との関係は十分に解明されてはおらず，理論と観測の不一致は解消されていないのが現状である．今後，フラックス観測手法のさらなる精緻化と観測データの蓄積，それと連携した理論（モデル）の再構築が望まれる．　　　　　　　　　　　　　　　　　　　　　　　［松田和秀］

■文献

坂本泰一ほか（2018）大気環境学会誌，**53**, 136-143.

松田和秀（2017）越境大気汚染の物理と化学 改訂増補版（藤田慎一ほか著），pp. 181-200，成山堂書店.

Katata, G. *et al.*（2014）*Atmospheric Environment*, **97**, 501-510.

Matsuda, K. *et al.*（2010）*Atmospheric Environment*, **44**, 4582-4587.

Matsuda, K. *et al.*（2015）*Atmospheric Environment*, **107**, 255-261.

Nakahara, A. *et al.*（2019）*Atmospheric Environment*, **212**, 136-141.

Petroff, A. *et al.*（2008）*Atmospheric Environment*, **42**, 3625-3653.

第3章

植物に対する酸性降下物の影響

3.1 樹木に対する酸性雨の影響

3.1.1 はじめに

1970年代から1980年代にかけて，欧米の各地において森林の衰退現象が観察されはじめた．この原因として，化石燃料の消費にともなって発生する硫黄酸化物（SO_x）や窒素酸化物（NO_x）を取り込んだ酸性雨などの湿性酸性降下物の影響が注目された．日本でも降雨の酸性化が観測・報告されるようになり，各地で観察される樹木の衰退の原因として酸性雨の影響が議論されるようになった．

欧米では，1970年代から樹木に対する酸性雨の影響に関する実験的研究が行われてきた．日本や中国においても，1980年代から森林を構成している樹木に対する酸性雨の影響に関する実験的研究が開始された．本節では，欧米，日本，中国で得られている実験的研究の知見から，樹木の可視障害発現，成長および生理機能に対する酸性雨の影響を解説し，現状および将来における樹木への影響を考察する（Matsumura and Izuta, 2017）.

3.1.2 葉の可視障害と降雨 pH との関係

比較的 pH が低い人工酸性雨や酸性ミストを樹木に処理すると，感受性が高い樹種の葉面に可視障害が発現する．pH 2.3〜4.7の酸性ミストをカンバ（*Betula alleghaniensis*）に処理した結果，pH 2.3およびpH 3.0で葉の巻き込みや壊死斑などの可視障害が発現したことが報告されている．また，カンバ（*Betula pendula*）にpH 2.5〜5.6の人工酸性雨を処理した結果，pH 2.5においてクロロシスの発現と成長点の枯死が認められたことが報告されている．さらに，シトカトウヒ（*Picea sitchensis*）にpH 3.0の人工酸性雨を処理した結果，針葉に壊死斑が発現したことが報告されている．

人工酸性雨・ミストの処理にともなう樹木の葉面における可視障害の閾値 pH

は樹種によって異なる. 欧米に生育する針葉樹のストローブマツ (*Pinus strobus*) と落葉広葉樹のニセアカシア (*Robinia pseudoacasia*), ナラ (*Quercus prinus*), ヒッコリー (*Carya illinoensis*), ユリノキ (*Liriodendron tulipifera*), カエデ (*Acer rubrum*), ハナミズキ (*Cornus florida*) における可視障害発現に対する人工酸性雨の閾値 pH を検討した結果, ストローブマツでは pH 0.5〜1.0 の間に, 6 種の落葉広葉樹では pH 2.0〜2.5 の間に可視障害発現の閾値 pH が存在した.

　河野ほか (1994) は, 日本に生育する 46 種の樹木に pH を 4.0, 3.5, 2.5 あるいは 2.0 に調整した人工酸性雨を処理し, 葉面に発現した可視障害を観察した. その結果, pH 2.0 の人工酸性雨によって, すべての樹種の葉面に壊死斑点などの可視障害が発現した (表 3.1). また, pH 3.0 の人工酸性雨の処理によって, 常緑広葉樹 14 種のうち 7 種, 落葉広葉樹 21 種のうち 14 種に可視障害が発現したが, 針葉樹 11 種では発現しなかった. さらに, すべての樹種において, pH 4.0 の人工酸性雨を処理しても可視障害は発現しなかった.

　Izuta *et al.* (1998) は, スギ (*Cryptomeria japonica*), ウラジロモミ (*Abies homolepis*), シラカンバ (*Betula platyphylla* var. *japonica*) およびブナ (*Fagus crenata*) に pH 2.0 や pH 2.5 に調整した人工酸性雨を処理すると葉に可視障害が発現したが, pH 3.0 や pH 4.0 の人工酸性雨を処理しても可視障害は発現しなかったことを報告している.

　以上のことから, 葉面の可視障害発現を指標とした場合, 酸性雨に対する感受性は針葉樹よりも広葉樹で高く, 可視障害を発現させる閾値 pH は広葉樹では 4.0 程度, 針葉樹では 3.0 程度であると考えられる.

3.1.3　生理機能に及ぼす影響

　152 日間にわたって pH 3.0〜5.5 の人工酸性雨をユリノキに処理し, 純光合成速度, 気孔拡散抵抗および水ポテンシャルに対する影響を調べた結果, pH 4.0 の人工酸性雨によって気孔拡散抵抗と細胞の膨圧が低下し, pH 3.0 の人工酸性雨の処理によって純光合成速度が低下したことが報告されている. また, モミジバフウ (*Liquidambar styraciflua*) の純光合成速度が pH 2.0 の人工酸性雨の処理によって低下したことが報告されている. ノルウェースプルース (*Picea abies*) に pH 2.0 の人工酸性霧を処理した結果, クチクラ層がダメージを受け, 針葉の水分保持能力が低下したことが報告されている. さらに, pH 3.0 程度の人工酸性雨の処理に

表3.1 人工酸性雨処理による樹木の可視障害発現状況（河野ほか，1994）

	pH 5.6	pH 4.0	pH 3.0	pH 2.5	pH 2.0
針葉樹					
アカマツ	−	−	−		+
ウラジロモミ	−	−	−	−	+
カイヅカイブキ	−	−	−		+
カラマツ	−	−	−	+	全落葉
クロマツ	−	−	−		+
サワラ	−	−	−		+
スギ	−	−	−	−	+
ストローブマツ	−	−	−	−	
ドイツトウヒ	−	−	−	−	+
ヒノキ	−	−	−		+
モミ	−	−	−		+
常緑広葉樹					
ウバメガシ	−	−	−		+
オオムラサキツツジ	−	−	−		+
カナメモチ	−	−	+		+
サツキ	−	−	−		+
シャリンバイ	−	−	+		+
スダジイ	−	−	−		+
タブノキ	−	−	−		+
ツバキ	−	−	+		+
トキワサンザシ	−	−	+		+
トベラ	−	−	+		+
ネズミモチ	−	−	+		+
マサキ	−	−	+		+
マテバシイ	−	−	−		+
ヤマモモ	−	−	−		+

	pH 5.6	pH 4.0	pH 3.0	pH 2.5	pH 2.0
落葉広葉樹					
アジサイ	−	−	+		全落葉
アンズ	−	−	+		全落葉
ウメ	−	−	+	+	
エニシダ	−	−	−		枯死
ケヤキ	−	−	−	+	
コデマリ	−	−	−		+
コナラ	−	−	+	+	+
シラカンバ	−	−	−	+	全落葉
ソメイヨシノ	−	−	+		全落葉
トウカエデ	−	−	−	+	全落葉
ドウダンツツジ	−	−	+		枯死
トネリコ	−	−	+	+	
ドロヤナギ	−	−	+		
ハナミズキ	−	−	+		全落葉
ブナ	−	−	+	+	+
ミズナラ	−	−	+	+	
ミヤギノハギ	−	−	+		枯死
ムラサキハシドイ	−	−	+		全落葉
ヤシャブシ	−	−	−		+
ヤマザクラ	−	−	+	+	
ユリノキ	−	−	+	+	

−：可視障害なし，＋：可視障害あり．空欄は酸性雨処理をしていない．

降雨量：20 mm（2.5 mm hr^{-1} × 8 hr）/ 回 × 3 回 / 週

よる純光合成速度の低下が中国に生育するタイワンフウ（*Liquidambar formosana*），ヒメツバキ（*Schima superba*），タイワンアカマツ（*Pinus massoniana*）で報告されている．これらに対して，人工の酸性雨・霧・ミストを処理しても，光合成などに対する影響が認められないとする報告や逆に処理によって純光合成速度が上昇したという報告もある．

伊豆田ほか（1993）は，モミ（*Abies firma*）に pH を 2.0，3.0，4.0 に調整した人工酸性雨または脱イオン水（対照区，pH 6.7）を 1 週間に 2 回の割合で 30 週間にわたって処理した．その結果，pH 2.0 区のモミ苗の暗呼吸速度が対照区に

比べて有意に増加した．このような pH 3.0 より酸性度の低い人工酸性雨の処理
による暗呼吸速度の促進は，シラカンバ，ケヤキ（*Zelkova serrata*），ウラジロモ
ミ，スギ，ヒノキ（*Chamaecyparis obtusa*）や中国に生育するタイワンアカマツ
やコウヨウザン（*Cunninghamia lanceolata*）でも報告されている（河野ほか，
1995；松村ほか，1995；1998）．

　樹木に酸性雨や酸性ミストを処理すると耐凍性が低下することがノルウェース
プルース，ルーベンストウヒ（*Picea rubens*），シラビソ（*Abies veitchii*）で報告
されている．ルーベンストウヒに，pH 2.5〜5.0 の酸性ミスト（硫酸アンモニウ
ム：硝酸＝1：1，モル比）を，1 回に 2 mm，週 2 回の割合で 7〜12 月に処理し
た結果，pH の低下にともなって秋〜冬における耐凍性が低下したことが報告さ
れている．また，シラビソの針葉のガス交換速度に対する人工酸性雨の影響を調
べた結果，pH 2.5 および 3.0 の人工酸性雨の処理によって針葉の耐凍性が低下す
る傾向が認められたことが報告されている．

3.1.4　成長に及ぼす影響

　葉面の可視障害発現と同様に，比較的 pH が低い人工酸性雨や酸性ミストは樹
木の成長低下を引き起こす場合がある．11 樹種に pH 2.6〜5.6 の人工酸性雨を 35
日間にわたって処理し，それらの初期成長を調べた結果，いずれの樹種において
も pH 5.6 区と比較して pH 3.6〜4.6 の人工酸性雨の処理にともなう地上部乾重
量の変化は認められなかったことが報告されている．これに対して，4 種の針葉樹
（ダグラスファー（*Pseudotsuga menziesii*），ポンデローサマツ（*Pinus ponderosa*），
ネズコ（*Thuja plicata*），ツガ（*Tsuga heterophylla*））の苗木に pH 2.1 と 3.1
の人工酸性霧および pH 5.6 の霧を 60 日間に 22 回（計 93 時間）処理した結果，
ツガでは pH 2.1 区と pH 3.1 区の根乾重量が pH 5.6 区に比べて低下したが，ほ
かの 3 樹種では酸性霧の影響は認められなかったことが報告されている．日本や
中国に生育する樹木を対象とした実験的研究でも，2.5 以下の低 pH の人工酸性
雨処理によって成長が低下することが報告されている（伊豆田ほか，1990；
1993；河野ほか，1995）．

　葉面の可視障害発現を指標とした場合と同様，成長低下を引き起こす人工酸性
雨やミストの閾値 pH は樹種間で異なる．伊豆田ほか（1993）は，モミの地上部
に pH を 2.0，3.0，4.0 に調整した人工酸性雨または，脱イオン水（対照区，pH

6.7) を 1 週間に 2 回の割合で 30 週間にわたって処理した. その結果, 処理開始 12 週間後において, pH 2.0 区および pH 3.0 区における個体乾重量が対照区のそれに比べて有意に減少した. また, 処理開始 30 週間後においては, pH 2.0 区における個体生重量と個体乾重量が対照区のそれらに比べて減少した. 伊豆田ほか (1990) は, スギの乾物成長は pH 3.0 の人工酸性雨による有意な影響を受けなかったが, pH 2.0 や pH 2.5 の人工酸性雨によって根の乾重量が有意に減少したことを報告している. 松村ほか (1995) も, スギとシラカンバの乾物成長は対照区 (pH 5.6) に比べて pH 2.0 の人工酸性雨によって低下したが, ウラジロモミの乾物成長は pH 3.0 の人工酸性雨によって低下したことを報告している. これらの結果は, 乾物成長を指標としたモミ属の樹種の酸性雨に対する感受性はスギやシラカンバのそれに比べて高く, モミ属は酸性雨の影響をより高い pH で受けることを示している.

　樹木に及ぼす酸性雨の影響に関する樹種間差異を明らかにするため, 日本に生育する 16 樹種を対象とした 28 カ月間にわたる人工酸性雨の処理実験が行われている (電力中央研究所, 2002). ドロノキ (*Populus maximowiczii*), ブナ, トウカエデ (*Acer buergerianum*), クロマツ (*Pinus thunbergii*) の 4 樹種では, 対照区 (pH 5.6) に比べて pH 3.0 の人工酸性雨暴露によって個体乾重量は低下した (図 3.1). さらに, トウカエデでは pH 4.0 の人工酸性雨処理による乾重量の低下も認められた. pH 3.0～4.0 の比較的高い pH の人工酸性雨処理による成長阻害の認められた例は, 欧米の樹種でも報告が少ない.

　ユリノキとカラマツ (*Larix kaempferi*) の成長は, pH 3.0～4.0 の人工酸性雨処理によって逆に促進された (図 3.1). また, ストローブマツに pH 2.5～5.6 の人工酸性雨を処理した結果, pH の低下にともなって成長が促進したことが報告されている. また, Matsumura (2001) は, 14 樹種 (アカマツ (*Pinus densiflora*), クロマツ, カラマツ, ノルウェースプルース, モミ, ウラジロモミ, シラビソ, ヒノキ, スギ, ブナ, ケヤキ, シラカンバ, ドロノキ, ミズナラ (*Quercus mongolica*)) の苗木に, pH 3.0 と 5.0 の酸性ミスト (硫酸：硝酸：塩酸 = 1：2：1, 当量比) を 3 年間にわたって 4～11 月に処理した. その結果, いずれの樹種においても pH 3.0 のミスト処理による成長低下は認められず, 供試したほとんどの樹種で pH 5.0 のミスト処理区に比べて pH 3.0 のミスト処理区の乾物成長が増加したことを報告している. このような酸性の雨・ミストの処理による成長促進は, スギ, ス

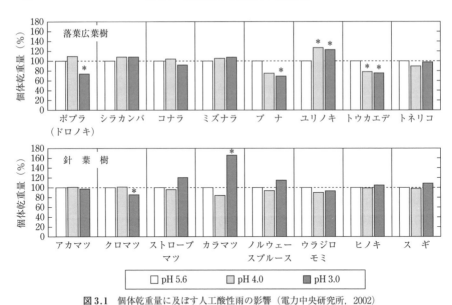

図 3.1　個体乾重量に及ぼす人工酸性雨の影響（電力中央研究所, 2002）
苗木に対して 28 カ月間にわたって人工酸性雨を処理した. 縦軸は, 苗木の個体乾重量の相対値（人工酸性雨処理区における個体乾重量 /pH 5.6 区における個体乾重量, %）である. 図中のアスタリスクは pH 5.6 区に比べて有意差があることを示している.

トローブマツ, カンバ（*Betula alleghaniensis*）でも報告されている. それらの報告では, 成長促進の原因として酸性雨や酸性ミストに含まれている硝酸態窒素による施肥効果が指摘されている.

　樹木に対する酸性雨・ミストの影響はそれらを構成する酸の組成によって異なることが, ルーベンストウヒを対象にした実験から明らかにされている. ルーベンストウヒ苗に, 硫酸のみ, あるいは硝酸のみで調整した酸性ミストを処理し, 可視障害発現と成長に対する影響を酸の種類で比較した結果, pH 3.0～3.5 の硫酸ミストは顕著な葉面の可視障害を発現させたが, 同じ範囲の pH の硝酸ミストでは可視障害の発現は認められないか, 軽微な可視障害が発現したにすぎなかったことが報告されている. また, 成長に対する影響に注目すると, pH 3.0 の硫酸ミストによってルーベンストウヒ苗の地上部や根の成長が低下することがあったが, 硝酸ミストは成長を増加させた.

　以上のように, pH の低下にともなって成長が阻害される樹種がある一方で, 促進される樹種もあるなど, 酸性雨や酸性ミストに対する樹木の成長反応は樹種に

よって大きく異なる．しかしながら，感受性が高い樹種の成長を阻害させる酸性雨の閾値 pH は 3.0〜4.0 程度であると考えられる．

3.1.5　お わ り に

これまでに欧米や日本で行われた実験的研究の結果に基づくと，感受性が高い樹種に可視障害発現や成長阻害を引き起こす酸性雨の閾値 pH は 3.0〜4.0 であると考えられる．日本における現状の降雨の年平均 pH は 4 台後半であり，4.0 以下の pH の降雨頻度はきわめて低い．したがって，日本に生育する樹木に及ぼす現状の酸性雨の直接的影響はきわめて小さいと考えられる．また，東アジア地域の大気汚染物質排出量シナリオと長距離輸送モデルに基づいて，2030 年の日本における降雨 pH を予測すると，現計画規制シナリオで 4.3〜4.8，悲観的シナリオでは 3.7〜4.2 に低下する（電力中央研究所，2002）．現計画規制シナリオで大気汚染物質の排出量が推移しても，現状と同様に樹木への酸性雨の影響はきわめて小さいと考えられる．しかし，悲観的シナリオで東アジアにおける大気汚染物質の排出量が推移し，4.0 以下の pH の酸性雨が頻繁に降るようになった地点では，感受性の高い樹種に酸性雨の直接的影響が発現する可能性がある．

［松村秀幸・伊豆田　猛］

■文献
伊豆田　猛ほか（1990）人間と環境，**16**，44-53．
伊豆田　猛ほか（1993）大気汚染学会誌，**28**，29-37．
河野吉久ほか（1994）大気汚染学会誌，**29**，206-219．
河野吉久ほか（1995）大気環境学会誌，**30**，191-207．
電力中央研究所（2002）研究年報 2002 年度，24-25．
松村秀幸ほか（1995）大気環境学会誌，**30**，180-190．
松村秀幸ほか（1998）大気環境学会誌，**33**，16-35．
Izuta, T. *et al.*（1998）*Forest Resources and Environment*, **36**, 12-18.
Matsumura, H.（2001）*Water, Air, and Soil Pollution*, **130**, 959-964.
Matsumura, H. and Izuta, T.（2017）*Air Pollution Impacts on Plants in East Asia*（Izuta, T. ed.）, pp. 237-247, Springer.

3.2　樹木に対する土壌酸性化の影響

3.2.1　は じ め に

森林生態系に長期間にわたって酸性降下物が沈着すると，土壌の酸性化が引き

起こされ，森林を構成する樹木に悪影響を及ぼす可能性がある．そこで本節では，これまでに著者らによって行われた実験的研究の結果などに基づいて，樹木の成長，光合成などの生理機能および栄養状態などに及ぼす土壌酸性化の影響を解説する（Izuta, 2017）．

3.2.2　針葉樹に対する土壌酸性化の影響

a. スギ

スギの2年生苗を黒ボク土を詰めたポットで80日間にわたって育成し，2日に1回，硫酸溶液として水素イオン（H^+）を土壌表面から添加した．育成期間中に$4.2 \, \mathrm{g \, m^{-2}}$で$H^+$を添加した土壌（土壌 $pH(H_2O)$: 3.74）で育成したスギ苗の個体あたりの生重量と乾重量は，H^+を添加しなかった対照土壌（土壌 $pH(H_2O)$: 4.40）で育成した苗木のそれらに比べて有意に低かった．$4.2 \, \mathrm{g \, m^{-2}}$の$H^+$を添加した土壌で育成したスギ苗の地上部における Al 濃度は対照区で育成した苗木のそれに比べて有意に高かったが，地上部および地下部の Ca 濃度は有意に低かった．スギの2年生苗を硫酸溶液で酸性化させた褐色森林土（花崗岩母材）で100日間にわたって育成した結果，土壌の（Ca＋Mg＋K）/Al モル濃度比の低下にともなってスギ苗の個体乾重量が低下した．スギ苗の根における Ca，Mg および K 濃度は，それぞれ土壌の Ca/Al，Mg/Al および K/Al モル濃度比の低下にともなって減少する傾向を示した．

　異なる土壌で生育している樹木に対する土壌酸性化の影響を比較するために，黒ボク土，赤黄色土および褐色森林土を詰めたポットでスギの2年生苗を12週間にわたって育成し，土壌酸性化の影響を調べた．各土壌の表面から硫酸溶液として土壌1Lあたり0（対照土壌），10，30，60または100 mgのH^+を添加した．いずれの土壌においてもH^+添加量の増加にともなってスギ苗の個体乾重量は低下したが，赤黄色土と褐色森林土における土壌酸性化による個体乾重量の低下程度は黒ボク土におけるそれに比べて著しかった．

　母材が異なる褐色森林土で生育している樹木に対する土壌酸性化の影響を比較するために，火山灰，花崗岩または砂岩・粘板岩を母材とする褐色森林土で12週間にわたってスギの2年生苗を育成し，土壌酸性化の影響を調べた．各土壌表面から硫酸溶液として土壌1Lあたり0（対照土壌），10，30，60または100 mgのH^+を添加した．いずれの母材の褐色森林土においても，土壌 $pH(H_2O)$ の低下と

土壌の水溶性 Al 濃度の増加にともなってスギ苗の個体乾物成長は低下した．スギ苗の個体乾物成長は，火山灰母材の褐色森林土では土壌の水溶性 Al 濃度が 10.5 μg g^{-1} 以上になると低下したが，ほかの母材の褐色森林土では同 Al 濃度が 30 μg g^{-1} 以上になると低下した．火山灰または花崗岩が母材である褐色森林土においては，土壌の (Ca＋Mg＋K)/Al モル濃度比（BC/Al モル濃度比）が 5 未満になると，スギ苗の個体乾物成長が低下した．これに対して，砂岩・粘板岩母材の褐色森林土においては，土壌の BC/Al モル濃度比が 9.21 以下になると，スギ苗の個体乾物成長が低下した．いずれの母材の褐色森林土で育成したスギ苗の個体乾物成長も土壌の Al 濃度が 30 μg g^{-1} 以上になると低下したが，Al 濃度が 30 μg g^{-1} 未満でも BC/Al モル濃度比が 5 未満の土壌ではスギ苗の個体乾物成長は低下した．

　酸性化した褐色森林土（花崗岩母材）で育成したスギ苗の純光合成速度は，対照土壌で育成した苗木のそれに比べて低下した．この時，針葉の量子収量は土壌酸性化の影響を受けなかったが，地上部の Al 濃度の増加にともなってカルボキシレーション効率（光合成-細胞間隙 CO$_2$ 濃度曲線の初期勾配）は低下した．これらの結果は，土壌酸性化によって，スギの光合成における光利用効率は影響を受けないが，酸性化された土壌に溶出した Al が植物体内に吸収・蓄積され，針葉の CO$_2$ 固定効率を低下させたことを示している．

b. アカマツ

　アカマツの 2 年生苗の成長と栄養状態に対する土壌酸性化の影響を調べた（李ほか，1997）．土壌からの塩基溶脱をともなわない土壌酸性化処理においては，硫酸溶液として H$^+$ を 10，30，60 または 90 mg L^{-1} で褐色森林土（花崗岩母材）に添加した．なお，硫酸溶液を添加しなかった土壌を対照土壌とした．一方，土壌からの塩基溶脱をともなう土壌酸性化処理においては，上記の方法で硫酸添加処理を行った 10 日後に酸性化させた土壌と対照土壌をコンテナに入れ，土壌体積の 3 倍量の脱イオン水を入れた後，3 日間静置し，その後コンテナの底から徐々に水を抜き，土壌から塩基を溶脱した．酸性化させた土壌または対照土壌を詰めたポットに，2 年生のアカマツ苗を移植し，120 日間にわたって温室内で育成した．その結果，土壌への H$^+$ 添加量の増加にともなって，育成期間終了時におけるアカマツ苗の個体乾重量が低下した．酸性化させた土壌で育成したアカマツ苗においては，その地下部の Al 濃度は増加したが，地上部の Ca および Mg 濃度は低下

した.

　土壌酸性化処理区で育成したアカマツ苗の個体乾重量の相対値（（土壌酸性化処理区の個体乾重量／対照区の個体乾重量）×100）と土壌溶液の pH，Al および Mn 濃度との関係を検討した結果，pH と個体乾重量の相対値との間には正の相関が認められたが，Al 濃度または Mn 濃度と個体乾重量の相対値との間には負の相関が認められた．しかしながら，土壌溶液の Al 濃度や Mn 濃度が比較的低い場合は，それらの元素濃度と個体乾重量の相対値との相関は低かった．また，土壌溶液の（Ca＋Mg＋K）/Mn モル濃度比の低下にともなって個体乾重量の相対値は低下したが，両者の相関は低かった．これに対して，土壌溶液の（Ca＋Mg＋K）/Al モル濃度比と個体乾重量の相対値との間に高い相関が認められ，土壌酸性化処理の方法にかかわらず，同モル濃度比の低下にともなって個体乾重量の相対値は低下した（図3.2）．したがって，酸性土壌で育成したアカマツ苗の個体乾物成長や栄養状態は，土壌溶液中の Al と Ca，Mg，K などの植物必須元素の存在バランスによって決定されると考えられる．

　褐色森林土（花崗岩母材）で120日間にわたって育成したアカマツの2年生苗においては，土壌酸性化によって針葉の純光合成速度が低下し，光合成の量子収量とカルボキシレーション効率が低下した．この結果は，土壌酸性化が光合成の光化学反応を抑制し，リブロース -1,5-ビスリン酸カルボキシラーゼ / オキシゲナーゼ（ribulose-1,5-bisphosphate carboxylase/oxygenase: Rubisco）の活性や量を低下させることを示している．

c.　チョウセンゴヨウ

　チョウセンゴヨウの3年生苗に対する土壌酸性化の影響を調べた（Choi *et al.*,

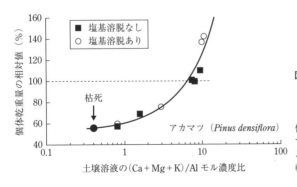

図3.2　アカマツ苗の個体乾重量の相対値と土壌溶液の（Ca＋Mg＋K）/Al モル濃度比との関係（李ほか，1997）個体乾重量の相対値は，酸無添加区で育成した苗木の個体乾重量に対する，酸添加区で育成した苗木の個体乾重量の相対値である．

2005).　酸性溶液（アニオンモル比 SO_4^{2-} ： NO_3^- ： $Cl^- = 5:3:2$）で H^+ を0（対照土壌），10，30，60 または 90 mmol kg^{-1} で褐色森林土（花崗岩母材）に添加し，苗木を182日間にわたって育成した．土壌に添加した H^+ 量の増加にともなって土壌 pH は低下し，土壌 pH が3.8未満になると Ca，Mg，K，Al および Mn 濃度が増加した．苗木の元素濃度を測定した結果，土壌に添加した H^+ 量の増加にともなって，針葉と幹の Ca，Mg および K 濃度は増加したが，根におけるそれらの元素濃度は低下した．土壌酸性化処理区で育成したチョウセンゴヨウ苗における各植物器官の N および P 濃度は，対照区で育成した苗木におけるそれらに比べて高かった．また，土壌に添加した H^+ 量の増加にともなって，各植物器官の Al および Mn 濃度は増加した．苗木の個体乾重量と土壌の水溶性元素濃度から算出した（Ca+Mg+K）/Al モル濃度比との間に高い正の相関が認められた．土壌の（Ca+Mg+K）/Al モル濃度比が1.0に達すると，個体乾重量は対照値の約40%まで低下した．

d.　カラマツ

多くの樹木の根は，菌根菌とよばれる菌類と共生している．ブナ科やマツ科などの森林の主要な樹木の根に共生する担子菌類や子嚢菌類は外生菌根菌とよばれている．また，宿主樹木の細胞壁内まで菌糸を侵入する菌類は内生菌根菌とよばれている．菌根菌は，宿主樹木に土壌中のリンなどの養分や水を供給し，樹木の健全な成長を助けているが，その見返りとして宿主樹木から光合成産物である糖類の供給を受けている．Choi *et al.* (2008) は，酸性化させた土壌で育成したカラマツ苗の成長と生理活性に対する外生菌根菌の効果を評価した．酸性溶液（アニオンモル比 SO_4^{2-} ： NO_3^- ： $Cl^- = 5:3:2$）として H^+ を0（対照土壌），10，30，60 または 90 mmol kg^{-1} で添加した褐色森林土（花崗岩母材）で180日間にわたって苗木を育成し，3種類の外生菌根菌を接種した．その結果，外生菌根菌の成長は，H^+ を10および30 mmol kg^{-1} で添加した土壌では促進されたが，60および90 mmol kg^{-1} で添加した土壌では低下した．土壌への H^+ 添加量の増加にともなって，針葉と根の Al および Mn 濃度が増加した．また，土壌への H^+ 添加量の増加と外生菌根菌の定着にともなって，苗木の窒素含量は増加した．光飽和時および CO_2 飽和時の最大純光合成速度は，H^+ を10 mmol kg^{-1} で添加した土壌で育成した苗木では対照値に比べて高かったが，30 mmol kg^{-1} 以上で添加した土壌で育成した苗木では低かった．しかしながら，外生菌根菌によるコロニー形成は針

葉と根における Al および Mn 濃度を低下させ，最大純光合成速度や個体乾重量を増加させた．カラマツ苗の個体乾重量は，土壌の（Ca＋Mg＋K）/Al モル濃度比が 1.0 のとき，対照値の約 40％であった．土壌酸性化はカラマツ苗の個体乾物成長を低下させたが，土壌の（Ca＋Mg＋K）/Al モル濃度比が 1.0 のとき，外生菌根菌を接種した苗木の個体乾重量は未接種の苗木のそれに比べて 100 ～ 120％高かった．

3.2.3　落葉広葉樹に対する土壌酸性化の影響

　シラカンバの 2 年生苗を，硫酸溶液として H^+ を 0（対照土壌），4.68，9.36 または 14.04 mg L^{-1} で添加して酸性化した黒ボク土と褐色森林土（花崗岩母材）で 100 日間にわたって育成し，その成長と栄養状態を調べた．その結果，黒ボク土で育成したシラカンバ苗の個体乾重量や栄養状態に土壌酸性化の有意な影響は認められなかった．これに対して，酸性化した褐色森林土で育成した苗木の個体乾重量と Ca および Mg 濃度とそれらの元素の吸収速度は，対照土壌で育成した苗木のそれらに比べて有意に低かった．H^+ の添加にともなって，褐色森林土の水溶性 Al 濃度は増加したが，黒ボク土のそれは増加しなかった．したがって，同量の酸が添加されても，土壌の種類によって樹木に対する土壌酸性化の影響やその程度が異なることが明らかになった．

　ブナの 3 年生苗を硫酸溶液として H^+ を添加して酸性化した褐色森林土（花崗岩母材）で 153 日間にわたって育成し，その乾物成長，純光合成速度，葉の栄養状態および木部解剖学的特徴などを調べた．土壌への H^+ 添加量の増加にともなって土壌溶液の（Ca＋Mg＋K）/Al モル濃度比が低下した．120 mg L^{-1} で H^+ を添加した土壌で育成したブナ苗の個体乾重量は，H^+ を添加しなかった対照土壌で育成した苗木のそれに比べて有意に低かった．120 mg L^{-1} で H^+ を添加した土壌で育成したブナの純光合成速度は対照土壌で育成した苗木のそれに比べて有意に低く，カルボキシレーション効率と飽和 CO_2 濃度下における最大純光合成速度が低下した．また，120 mg L^{-1} で H^+ を添加した土壌で育成したブナ苗の葉の Ca 濃度は，対照土壌で育成した苗木のそれに比べて有意に低かった．これに対して，土壌への H^+ 添加量の増加にともなって葉の Al 濃度は増加した．さらに，120 mg L^{-1} で H^+ を添加した土壌で育成したブナ苗の年輪幅は，対照土壌および 10，30，60 または 90 mg L^{-1} で H^+ を添加した土壌で育成した苗木のそれに比べて小さか

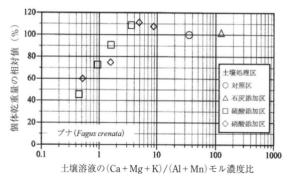

図3.3 ブナ苗の個体乾重量の相対値と土壌溶液の（Ca+Mg+K）/（Al+Mn）モル濃度比との関係（Izuta *et al.*, 2004）個体乾重量の相対値は，酸無添加区で育成した苗木の個体乾重量に対する，酸添加区で育成した苗木の個体乾重量の相対値である．

った．

　硫酸溶液または硝酸溶液としてH$^+$を褐色森林土（花崗岩母材）に添加し，2成長期間にわたってブナの3年生苗を育成し，その成長，純光合成速度および葉の栄養状態などを調べた（Izuta *et al.*, 2004）．その結果，硫酸溶液または硝酸溶液の添加によって酸性化された土壌で育成したブナ苗の個体乾重量は，H$^+$を添加しなかった対照土壌で育成した苗木のそれに比べて有意に低かった．しかしながら，100 mg L^{-1}でH$^+$を硫酸溶液として添加した土壌で育成したブナ苗の個体乾重量と純光合成速度の低下程度は，同量のH$^+$を硝酸溶液として添加した土壌で育成した苗木のそれらの低下程度に比べて著しかった．また，100 mg L^{-1}でH$^+$を硫酸溶液として添加した土壌で育成したブナ苗の葉のAlおよびMn濃度は，100 mg L^{-1}でH$^+$を硝酸溶液として添加した土壌で育成した苗木のそれらに比べて有意に高かった．さらに，土壌溶液の（Ca+Mg+K）/（Al+Mn）モル濃度比とブナ苗の個体乾重量の相対値（土壌酸性化処理区における個体乾重量／対照土壌における個体乾重量）との間で正の相関が認められた（図3.3）．これらの結果に基づくと，同量のH$^+$を土壌に添加した場合，ブナ苗に対する硫酸塩沈着による土壌酸性化の影響は，硝酸塩沈着による土壌酸性化の影響に比べて著しい．したがって，樹木に対する酸性降下物による土壌酸性化の影響を評価する際は，土壌 pH だけでなく，窒素や硫黄のような酸性降下物の主要成分も考慮する必要がある．

3.2.4　酸性降下物の臨界負荷量

　1980年代前半から，ヨーロッパにおいては，酸性降下物の臨界負荷量という概念が提唱されはじめた．酸性降下物の臨界負荷量とは，生態系が悪影響を受ける

ことのない範囲で受容できる酸性物質の最大負荷量であり，森林生態系の場合は
土壌の酸緩衝能力や植物の耐性などに依存する．Sverdrup *et al.* (1994) は，ヨー
ロッパに生育しているトウヒ類などの樹木の成長と水耕液や土壌溶液の (Ca＋Mg
＋K)/Al モル濃度比との関係を検討し，同モル濃度比＝1.0 を基準としたモデル
計算によってスウェーデンの森林における酸性降下物の臨界負荷量を評価した．
彼らが報告したノルウェースプルース苗で得られた結果とスギ苗およびアカマツ
苗で得られた結果を比較すると，土壌溶液の (Ca＋Mg＋K)/Al モル濃度比の低
下に対するスギ苗とアカマツ苗の個体乾物成長における感受性はノルウェースプ
ルース (*Picea abies*) 苗のそれに比べて高かった（図 3.4）．すなわち，(Ca＋Mg
＋K)/Al モル濃度比が 1.0 の場合，ノルウェースプルース苗の乾物成長は約 20%
低下したが，スギ苗やアカマツ苗の乾物成長は約 40% 低下した．これらの結果は，
土壌酸性化に対する感受性に樹種間差異があることを示している．したがって，
酸性降下物の臨界負荷量を評価する際は，土壌の酸緩衝能力だけでなく，酸性降
下物の主要成分や土壌酸性化に対する感受性の樹種間差異などを十分に考慮する
必要がある．また，Izuta *et al.* (2004) は，土壌溶液の (Ca＋Mg＋K)/(Al＋
Mn) モル濃度比は，日本のブナ林などを保護するための酸性降下物の臨界負荷量
を評価する際に有効な土壌パラメータであると提案した．Mn は植物必須元素で
あるが，過剰害を引き起こす元素であり，日本の森林土壌が酸性化すると土壌溶
液中の Mn 濃度が上昇する．したがって，日本の森林生態系における酸性降下物
の臨界負荷量を評価する際は，Al だけでなく，Mn も考慮する必要がある．

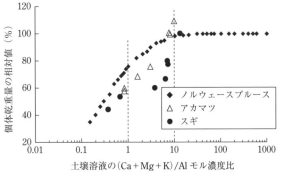

図 3.4 スギ，アカマツおよびノル
ウェースプルース苗の個体
乾重量の相対値と土壌溶液
の (Ca+Mg+K)/Al モル濃
度比との関係（Sverdrup *et
al.*, 1994）
個体乾重量の相対値は，酸無添加区
で育成した苗木の個体乾重量に対す
る，酸添加区で育成した苗木の個体
乾重量の相対値である．

3.2.5　おわりに

図3.5に，樹木に対する酸性降下物による土壌酸性化の影響に関する模式図を示した．樹木に対する土壌酸性化の影響に関する実験的研究の結果などに基づくと，酸性降下物による土壌酸性化はCa，MgおよびKなどの塩基の溶脱を促進するが，植物毒性が高いAlや過剰害を引き起こすMnの濃度を上昇させる．その結果，樹木体内における過剰なAlやMnの蓄積が引き起こされ，根からの元素および水の取り込みが低下し，外生菌根菌の量や寿命が減少し，根の成長や活性の低下をもたらす．また，土壌酸性化によって樹木の地上部にAlやMnが高濃度で蓄積すると，栄養塩類の欠乏や不均衡が引き起こされ，光合成能力や乾物生産量が低下する．したがって，できるだけ早く，森林樹種に対する酸性降下物による土壌酸性化の悪影響を防ぐための効果的な対策を講じる必要がある．

[伊豆田 猛]

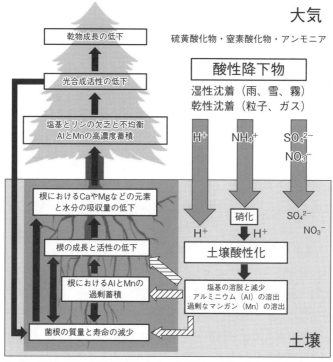

図3.5　樹木に対する酸性降下物による土壌酸性化の影響に関する模式図（Izuta, 2017）

■文献
李　忠和ほか（1997）大気環境学会誌, **32**, 46-57.
Choi, D. *et al.*（2005）*Environmental Sciences*, **12**, 33-47.
Choi, D. *et al.*（2008）*Trees（Structure and Function）*, **22**, 729-735.
Izuta, T.（2017）*Air Pollution Impacts on Plants in East Asia*（Izuta, T. eds.）, pp. 257-270, Springer.
Izuta, T. *et al.*（2004）*Trees（Structure and Function）*, **18**, 677-685.
Sverdrup, H. *et al.*（1994）*Water, Air, and Soil Pollution*, **78**, 1-36.

3.3　森林生態系における窒素飽和現象

3.3.1　は じ め に

　人類が火を使えるようになって大気汚染がはじまり, 産業革命以降にエネルギー源が化石燃料へ移行して, その使用量が増加したことによりその問題が顕在化した. 大気汚染の問題は古くはイギリス・ロンドンのスモッグの例などがあるが, ほかの文献を参照していただきたい.

　大気汚染物質として酸性降下物があり, 主に二酸化硫黄（SO_2）や窒素酸化物（NO_x）などを起源とする酸性物質が雨・雪・霧などに溶け込み, 通常より強い酸性を示す現象である. SO_2 や NO_x などの起源としては, 火山の噴火による自然発生的なものや上述の化石燃料の燃焼にともなう人為によるものなどがある. 人為によるものは, 大気に放出された酸性物質が大気の質を変え, とくに第二次世界大戦後, 化石燃料の使用量が飛躍的に増加し, その発生源のみならず遠距離を運ばれて地球上のあらゆる場所に降り注ぎ, 生態系の物質循環に影響を与えている. ここでは, 酸性降下物に限定して, その発生と推移を解説し, とくに地球上の環境変動の脅威となっている酸性雨の富栄養化源としての一面を紹介する.

3.3.2　大気から森林生態系への物質負荷

　化石燃料の燃焼では, まず硫黄を多く含む化石燃料の使用にともない, 大気中に硫黄酸化物（SO_x）が放出され, これが雨滴に溶け込み, 雨を酸性化する酸性雨の問題が生じた（$S \rightarrow SO_x$）. これらがとくに問題になったのは, ヨーロッパそして北アメリカである. 化石燃料の使用が早い時期から増加したことに加え, これらの地域では土壌母材が古く, 土壌中に酸を中和するカチオン（陽イオン）が乏しかった, つまり酸性に対する緩衝能が低かったことが原因と考えられる. 上

記のように，酸性雨には酸のもとである H^+（プロトン）が含まれるが，これら
は土壌中で腐植や粘土に吸着しているカルシウムイオン（Ca^{2+}）やマグネシウム
イオン（Mg^{2+}）のようなカチオンと交換しやすい．しかし，これらのカチオンが
乏しい土壌は，もともとカチオンではなくプロトンが吸着しているので，プロト
ンを含む降水が土壌中に浸透しても，交換されることなく酸性を保ち，湖沼や河
川にそのまま流出する．その結果，湖沼や河川水が酸性化し，軟弱な魚類や両生
類の卵を溶かし，孵化を妨げ，動物の数を減らし，それらを餌にする鳥に影響を
及ぼし，生物多様性に影響する．日本でも戦後の復興にともなって急速に工業化
が進み，水俣病，四日市ぜんそくに代表される大気汚染，そして酸性雨などの多
くの公害問題が発生した．これら公害問題の発生により 1967 年に公害対策基本法
が制定され，環境改善が進められた．その後，発生した煤煙などから硫黄を除去
する技術が開発され，化石燃料から硫黄を除去した結果，大気への硫黄の放出量
は劇的に減少した．その結果，硫黄による大気汚染や酸性雨の問題は解決したか
のように扱われている．

　しかし，化石燃料に含まれる物質は硫黄だけではない．化石燃料はもともと植
物体であるから，植物体を構成するあらゆる元素が含まれている．なかでも，窒
素は多量必須元素であるため，炭素についで植物体中の含有量が多く，化石燃料
の燃焼によって窒素酸化物（NO_x）となって大気中に放出される（$N \rightarrow NO_x$）．
NO_x は SO_x 同様に酸源である．ただ，SO_x の発生源は主に火力発電所のような大
量に化石燃料を使用する場所（ポイントソース）であった．これが硫黄の削減に
成功した理由の１つでもある．すなわち，明らかな発生源を抑えれば，かなりの
削減が見込める．それに対して，窒素の場合，主な発生源の１つが自動車であり，
発生源が１カ所ではない（ノンポイントソース）．そのため，自動車の排気ガスに
対して 1992 年に自動車 NOx 規制法が制定され，2007 年にはそれが強化されて自
動車 NO_x・PM 規制法となったが，窒素の十分な削減に至っていない．

3.3.3　森林生態系での窒素の挙動と窒素飽和

　大気降下物として森林生態系に供給された NO_x あるいは NH_4^+ が森林土壌中で
硝化し，森林生態系の土壌を酸性化する過程は硫黄と同様である．しかし，窒素
は，森林生態系に入ってから硫黄と異なるはたらきをする．これは，窒素が植物
の多量必須元素であり，栄養塩であることによる．栄養塩には，窒素のほか，リ

ンやケイ素などがあり，これらは植物の成長に欠かせないもので，とくに窒素は
その必要量が多い．施肥などで窒素を与えると植物の成長がよくなることからも
明らかなように，多くの場合，植物は窒素が不足した状態にある．栄養塩である
窒素も化石燃料の燃焼によって大気に放出され，大気降下物として地球上のあら
ゆる場所に供給される．窒素を受けた森林生態系では，その窒素を用いて樹木の
成長がよくなることがあるが，樹種の特性によって窒素に対する応答は異なる．

　通常，森林生態系では，植物だけでなく森林土壌中の微生物も同様に，窒素が
不足した状態にある．したがって，森林生態系に窒素が負荷されると，土壌微生
物もその窒素を取り込み，成長（窒素を不動化）する．森林生態系にNH_4^+の形
で負荷された場合は，温帯域の土壌粘土粒子が，多くの場合，負に帯電している
ため，非生物的にも窒素を保持することができる．さらに，窒素濃度が高まった
葉や枝などの植物体が落葉落枝として土壌に還元されて腐植化され，土壌有機物
として土壌に蓄積される．

　森林生態系への窒素負荷がさらに続くと，生態系内部の窒素動態は次第に変化
する．すなわち，植物の窒素吸収量にも，微生物の窒素不動化量にも，粘土粒子
表面への非生物的な窒素保持や土壌への蓄積にも限界があるため，窒素の負荷が
継続すると，植物の成長促進や微生物量の増加や不動化などの応答は生じなくな
る．さらに窒素負荷が継続すると，窒素過多の養分状態などによって植物の枯死
率が高まり，一次生産量は増加しなくなる．土壌では，微生物による不動化から
純硝化速度の上昇へとフェーズが変化する．前述のように，土壌は負に帯電して
いるので，生じたNO_3^-は土壌には保持されず，生態系から流出する．このよう
に，窒素が負荷され，ついには生態系がそれ以上の窒素を保持できない状態を窒
素飽和（nitrogen saturation）とよぶ．窒素飽和の定義には，①窒素負荷によっ
てそれ以上生態系の一次生産が増加しない生態系，②窒素流出量が窒素流入量と
ほぼ等しいかそれを上回る生態系，などいくつかあるが，より包括的な指標であ
る「生物的に利用可能な窒素が植物と微生物をあわせた要求量を上回った生態系」
が推奨されている．

3.3.4　窒素飽和の進行

窒素飽和の進行は，Stoddard（1994）によって次のように記述されている．
Stage 0：生態系は窒素不足で，植物や微生物の窒素吸収が窒素の内部循環のほ

とんどを占め，生物の窒素要求量が表層水の季節的 NO_3^- 流出パターンの主な決定要因となっている．結果として，表層水の NO_3^- 濃度は，成育期である夏季に低く，非成育期である冬季や融雪による窒素の供給が生じる春季に高い．低濃度期が長いほど，生態系が窒素による制限を強く受けていると考えられる．

Stage 1：窒素飽和の進行にともなって NO_3^- 濃度の季節変化は強調される．すなわち，冬季の濃度はより高く，濃度が低下する期間はより短くなる．

Stage 2：NO_3^- の供給量が要求量を上回るため，夏季にも NO_3^- の流亡がはじまり，季節変化が失われる．

Stage 3：表層水の NO_3^- 濃度が高まり，森林は窒素シンクとしてよりもソースとして機能する．

この進行は，河川水の NO_3^- 濃度が生物的窒素要求量が大きい夏に低下する場合にみられる．しかし，日本のような夏季に降水量が多い地域では，河川水の NO_3^- 濃度は生育期であるにもかかわらず，夏季に上昇する傾向がみられる．これは，NO_3^- 濃度が単に植物をはじめとする生物の要求量だけで決まっているのではなく，降水量にも影響されるためである．そのため，森林生態系からの窒素の流出は窒素飽和の指標となるものの，河川水の NO_3^- 濃度のほかの形成要因にも注意する必要がある．

3.3.5　安定同位体からみた窒素飽和森林生態系での窒素の挙動

では，窒素飽和は何で判断したらよいのだろうか．河川水質は降水などで変動しやすいが，長期観測は難しい．そこで，窒素飽和では，森林生態系に余剰の窒素が存在することが注目される．窒素飽和した森林生態系において河川に流出する NO_3^- は，森林生態系で保持（利用）されない窒素であり，大気中から負荷されたものがそのまま系外に流出している可能性が考えられる．

このような物質の起源を示すため，安定同位体が用いられることが多い．NO_3^- を形成する酸素原子は，NO_3^- が生成された場，つまり負荷された窒素の場合は大気中であり，森林生態系に取り込まれた場合は土壌中の酸素が用いられる．大気中の酸素の安定同位体の値（$\Delta^{17}O$）は 70 〜 100‰前後と高いが，土壌中の $\Delta^{17}O$ は 0‰前後と低い値をとり，それぞれの場の $\Delta^{17}O$ は著しく異なることが知られている．そこで，窒素飽和の程度と流出する河川水中の窒素との関係をみるため，

上流に人為起源の窒素源がない河川で平水時に採水し，NO_3^-濃度と $NO_3^- - \Delta^{17}O$ を測定した（図3.6）．その結果，NO_3^-濃度が低い場合にも $NO_3^- - \Delta^{17}O$ が高いことがあり，NO_3^-濃度が高い場合にも $NO_3^- - \Delta^{17}O$ は大気由来とされるものほど高くないことがわかった．

　NO_3^-濃度が低く，$NO_3^- - \Delta^{17}O$ が高い流域を詳細にみると，すべて集水域面積が1ha以下であり，集水域が一定面積（この場合1ha）以上の場合，NO_3^-濃度が高くなれば $NO_3^- - \Delta^{17}O$ も高くなる傾向がみられた（図3.7）．さらに，$\Delta^{17}O$ を用いて大気由来の窒素の割合（f_{atm} ＝渓流水 $NO_3^- - \Delta^{17}O$ / 大気由来 $NO_3^- - \Delta^{17}O$）を求めたところ，すべての河川水で0～30%の範囲にあった．これらのことから，窒素飽和を河川水の NO_3^-濃度から判断することは可能であるが，その場合，集水域の面積に注意すること，窒素飽和した森林生態系であっても，負荷された窒素がそのまま流出するわけではないことが明らかになった．

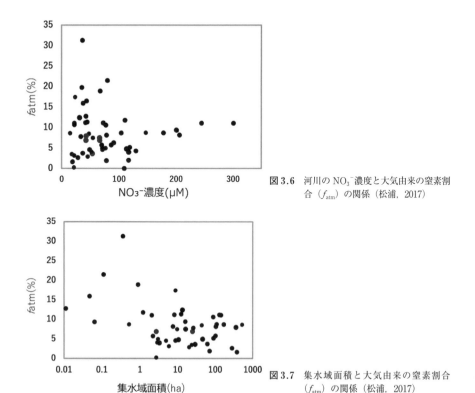

図3.6　河川の NO_3^-濃度と大気由来の窒素割合（f_{atm}）の関係（松浦, 2017）

図3.7　集水域面積と大気由来の窒素割合（f_{atm}）の関係（松浦, 2017）

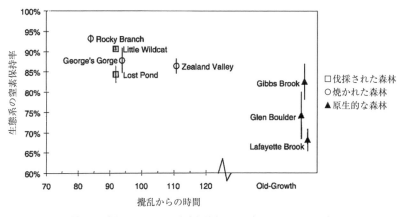

図3.8　攪乱からの時間と窒素保持率の関係（Goodale *et al.*, 2000）

3.3.6　窒素飽和の規定要因

　同じ窒素負荷を受けても，飽和に至る森林生態系と至らないものがあるのはなぜだろう．窒素飽和に寄与する要因として，植物，微生物，土壌，土地利用履歴などがあげられている（徳地ほか，2011）．森林生態系の物質蓄積を行う個々のコンパートメントによりたくさんの窒素を保持することができる森林，たとえば，これから盛んに成長する若い森林や攪乱などによって蓄積された有機物などがなくなってしまった土壌は，物質（窒素）を蓄積することができるので窒素飽和が生じにくいとされている．これに対して，樹木の成長が頭打ちに近づいた高齢の森林や長い間にわたって安定していた森林では，植物体そのものや土壌にもすでにたくさんの窒素が蓄積されているので，負荷された窒素の影響を受けやすく窒素飽和に至りやすいと考えられている．このことは，攪乱を受けてからの時間が経った森林に保持される窒素の割合が低く，攪乱の度合いの大きい森林に保持される窒素の割合が高いことからも示唆された（Goodale *et al.*, 2000：図3.8）．

3.3.7　窒素飽和メカニズムの再考

　窒素の負荷に対する森林生態系の各コンパートメントの応答は，まず植物体の窒素濃度に現れることが多く，土壌の応答はなかなかみられないことなどから，負荷された窒素の保持は植物による吸収利用が十分に起こった後，より保持能力が大きい土壌による保持に主体が移り，最終的に森林生態系から窒素が流出するといった段階的なプロセスとして理解されてきた．しかし，森林生態系では植物

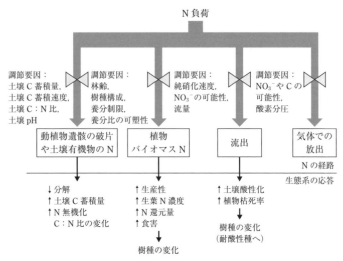

図3.9　N配分に焦点を当てた動的窒素飽和の概念モデル（Lovett and Goodale, 2011）

に限らず窒素が不足していることや窒素は森林生態系のあらゆる地点に負荷されることなどから，負荷された窒素は各コンパートメントに配分され，負荷窒素に対する応答や植物による窒素保持や土壌での不動化などが同時に動的に生じていると考えるほうが合理的であることが指摘されている（Lovett and Goodale, 2011）．このことが窒素飽和の規定要因とされる窒素負荷量，森林の成立，土壌，攪乱履歴などに大きな違いがみられない隣接する地域でも，負荷された窒素の配分がコンパートメントごとに異なったり，個々のプロセスの動態によって窒素飽和の程度に大きな違いを生じ，窒素飽和の予測を困難にしている（牧野ほか，2017：図3.9）．　　　　　　　　　　　　　　　　　　　　　　　　　　［徳地直子］

■文献
徳地直子ほか（2011）日本生態学会誌，**61**, 275-290.
牧野奏佳香ほか（2017）日本生態学会誌，**99**, 120-128.
松浦真奈（2017）森林生態系からの窒素流出要因の検討―安定同位体比など広域渓流水データを用いて―，京都大学修士論文.
Goodale, C. L. *et al.*（2000）*Ecosystems*, **3**, 433-450.
Lovett, G. M. and Goodale, C. L.（2011）*Ecosystems*, **14**, 615-631.
Stoddard, J. L.（1994）*Environmental Chemistry of Lakes and Reservoirs*（Baker, L. A. ed.）, pp. 223-284, American Chemical Society.

3.4　樹木に対する土壌への窒素負荷の影響

3.4.1　は じ め に

　近年，アジア地域においては，大気中への人為起源の窒素放出量の増加にともなって大気から地表面への窒素沈着量が増加している．欧米では 1980 年代から，森林生態系への窒素供給量が植物や微生物の要求量を超えた状態になる窒素飽和が森林衰退の一因として注目されている．したがって，窒素（N）を含む酸性降下物による土壌への過剰な窒素負荷がアジアの森林を構成する樹木に及ぼす影響やその樹種間差異などを詳細に調べる必要がある．そこで本節では，これまでに著者らによって行われた実験的研究の結果などに基づいて，樹木の成長，光合成などの生理機能および栄養状態などに対する土壌への過剰な窒素負荷の影響を解説する（Nakaji and Izuta, 2017）．

3.4.2　樹木の成長と純光合成速度に対する土壌への窒素負荷の影響

　アカマツとスギの苗木の個体乾物成長，栄養状態および純光合成速度などに対する土壌への過剰な窒素負荷の影響を調べた（Nakaji *et al.*, 2001；2002）．硝酸アンモニウム（NH_4NO_3）溶液によって土壌 1 L あたり，0（対照区），25，50，100または 300 mg の窒素を添加した褐色森林土でアカマツとスギの 1 年生苗を 2 成長期にわたって育成した．その結果，土壌への窒素負荷量の増加にともなって，アカマツ苗の個体乾物成長は低下したが，スギ苗のそれは増加した（図 3.10）．土壌への窒素負荷量の増加にともなってアカマツ苗とスギ苗の窒素濃度は増加したが，土壌へ同量の窒素を添加した場合はアカマツ苗の針葉における窒素濃度はス

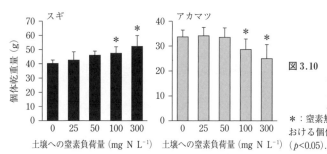

図 3.10　スギとアカマツの苗木の個体乾重量に対する土壌への窒素負荷の影響（Nakaji *et al.*, 2001）
*：窒素無添加区（0 mg N L^{-1}）における個体乾重量と有意な差がある（$p<0.05$）.

ギ苗のそれより 1.5～1.8 倍高かった．一般に，土壌への過剰な窒素負荷（アンモ
ニウムイオン，NH_4^+）は土壌細菌による硝化作用を促進し，この作用の過程で土
壌溶液中に放出される水素イオン（H^+）によって土壌酸性化が引き起こされる．
土壌酸性化によって，土壌溶液中のマンガン（Mn）やアルミニウム（Al）の濃
度が上昇する．そのため，土壌への窒素負荷量の増加にともなって，アカマツ苗
やスギ苗の育成土壌において Mn 濃度や Al 濃度が上昇した．この時，土壌への
窒素負荷量の増加にともなってアカマツ苗とスギ苗の針葉における Mn 濃度は増
加した．一方，土壌への窒素負荷量の増加にともなってアカマツ苗の針葉におけ
るリン（P）濃度は低下し，300 mg N L^{-1} 区では針葉のマグネシウム（Mg）濃
度も低下したため，N/P 濃度比と N/Mg 濃度比が増加した．アカマツ苗において
は，土壌への窒素負荷によって細根における菌根菌の感染率が低下したため（図
3.11），菌根を介した P や Mg などの吸収が阻害されたと考えられる．300 mg
N L^{-1} 区で育成したアカマツ苗の純光合成速度は育成 1 年目の 7 月から低下しは
じめ，それ以降は対照区のそれに比べて有意に低かった．300 mg N L^{-1} 区で育
成したアカマツ苗においては，リブロース-1,5-ビスリン酸カルボキシラーゼ / オ
キシゲナーゼ（Rubisco）の濃度と活性の低下が認められた．Rubisco は，カルビ
ン・ベンソン回路（還元的ペントースリン酸回路）においてリブロース-1,5-ビス
リン酸（RuBP）に二酸化炭素（CO_2）を固定し，2 分子の 3-ホスホグリセリン酸
（PGA）を生成する反応を触媒する酵素である．Rubisco のような酵素はタンパク
質であり，タンパク質の合成には P や Mg のような栄養元素が不可欠である．し
たがって，土壌への窒素負荷量の増加にともなうアカマツ苗の根における菌根菌

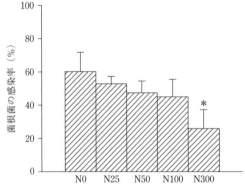

図 3.11　アカマツ苗の細根における菌根菌感
　　　　染率に対する土壌への窒素負荷の影
　　　　響
菌根菌感染率（%）＝（感染した細根数 / 細根
の総数）× 100.
＊：窒素無添加区（0 mg N L^{-1}）における
菌根菌感染率と有意な差がある（$p<0.05$）.

感染率の低下はPやMgなどのタンパク質合成に不可欠な元素欠乏を引き起こしたため，Rubisco濃度が低下したと考えられる．また，アカマツ苗の針葉におけるMn/Mg濃度比とRubisco活性との間に負の相関が認められた（図3.12）．このことから，アカマツ苗においては，針葉に過剰に蓄積したMnが本来はMgと結合して活性化されるRubiscoの活性を阻害したことが考えられる．これに対して，スギ苗においては，土壌への窒素負荷量の増加にともなって針葉のP濃度やN/Mg比が増加した．スギ苗の純光合成

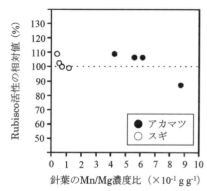

図3.12 スギとアカマツの針葉のRubisco活性とMn/Mg濃度比との関係（Nakaji *et al.*, 2001）
Rubisco活性の相対値は，窒素無添加区で育成した苗木のRubisco活性に対する窒素添加区で育成した苗木のRubisco活性の相対値である．

速度は窒素処理区間で大きな差は認められなかったが，育成1年目の9月まで25および50 mg N L^{-1}区で育成したスギ苗の純光合成速度は対照区のそれに比べて高く，10月以降は300 mg N L^{-1}区で育成したスギ苗の純光合成速度も高かった．この時，土壌への窒素負荷量の増加にともなってスギ苗の針葉におけるRubiscoの濃度と活性が増加した．

　日本の代表的な常緑広葉樹であるスダジイ，マテバシイ，アラカシおよびアカガシに対する土壌への窒素負荷の影響を調べた（Izuta *et al.*, 2005）．4樹種の2年生苗を硝酸アンモニウム溶液として窒素を0（対照区），10，50，100または300 kg ha^{-1} year^{-1}（1年間の土地面積1 haあたりの窒素負荷量）で添加した褐色森林土で2成長期間にわたって育成した．その結果，スダジイの個体乾物成長は，100または300 kg ha^{-1} year^{-1}の土壌への窒素負荷によって低下した．また，アラカシの個体乾物成長は300 kg ha^{-1} year^{-1}の土壌への窒素負荷によって低下した．マテバシイの個体乾物成長は50 kg ha^{-1} year^{-1}の窒素負荷によって増加したが，300 kg ha^{-1} year^{-1}の窒素負荷によって低下した．これに対して，アカガシの個体乾物成長は土壌への窒素負荷量の増加にともなって増加した．4樹種において，300 kg ha^{-1} year^{-1}の土壌への窒素負荷によって葉のNおよびMn濃度が増加した．アラカシにおいては，土壌への窒素負荷量の増加にともなって葉のMg濃度が低下し，細根乾重量と菌根菌感染率が低下した．スダジイ，マテバシイおよび

アラカシにおいては，葉の Mn/Mg 濃度比と個体乾重量との間に負の相関が認められた．これらの結果より，常緑広葉樹の個体乾物成長における窒素感受性には樹種間差異があり，葉の Mn/Mg 濃度比は常緑広葉樹に対する土壌への窒素負荷の影響を評価する際の有効な指標であると考えられる．

3.4.3　樹木に対する土壌への窒素負荷の影響の樹種間差異

　樹木の個体乾物成長に対する土壌への窒素負荷の影響には樹種間差異がある．Nakaji and Izuta（2017）は，土壌への窒素負荷量の増加に対する12樹種の個体乾物成長の応答を比較した（図3.13）．比較に用いた研究では，自然林の土壌と日本や中国の森林を構成する樹種の1〜2年生苗を使用し，1〜3成長期にわたる実験的研究を実施した．この比較では，各樹種の苗木の個体乾重量の相対値（窒素添加区で育成した苗木の個体乾重量／窒素無添加区で育成した苗木の個体乾重量）を各研究で算出し，土壌への窒素負荷量の増加に対する個体成長反応を樹種間で比較した．その結果，すべての樹種において，50 kg ha^{-1} year^{-1} 未満の土壌への窒素負荷では苗木の個体乾物成長は低下しないが，個体乾物成長の低下を引き起こす土壌への窒素負荷量の閾値は樹種によって著しく異なることが明らかになった．ブナ，スダジイおよびアカマツの個体乾重量の相対値は，土壌への窒素負荷量が50〜100 kg ha^{-1} year^{-1} で低下するため，個体乾物成長における窒素感受性が比較的高い樹種として分類される．これに対して，スギ，アカエゾマツおよびアカガシは，土壌への窒素負荷量が200 kg ha^{-1} year^{-1} 以

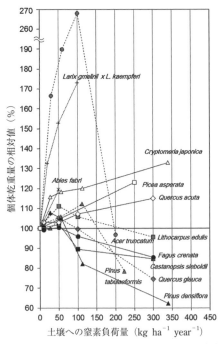

図3.13　12樹種の個体乾重量の相対値と土壌への窒素負荷量との関係（Nakaji and Izuta, 2017）個体乾重量の相対値は，窒素無添加区で育成した苗木の個体乾重量に対する窒素添加区で育成した苗木の個体乾重量の相対値である．

上でも個体乾重量の相対値は高いため，個体乾物成長における窒素感受性が比較的低い樹種として分類される．グイマツ雑種 F_1 とレイスギの個体乾物成長を低下させる土壌への窒素負荷量の閾値は不明であるが，土壌への窒素負荷量が $100\ kg\ ha^{-1}\ year^{-1}$ を超えると個体乾重量の相対値が低下傾向を示すマンシュウイタヤ，マンシュウクロマツ，マテバシイおよびアラカシは個体乾物成長における窒素感受性が中程度である．

3.4.4 樹木の栄養状態に対する土壌への窒素負荷の影響

土壌への窒素負荷によって引き起こされる樹木の成長低下は，主に窒素とリン（N/P 濃度比）やマンガンとマグネシウム（Mn/Mg 濃度比）などの栄養不均衡が根における菌根菌感染率の低下とともに発現し，光合成が低下するために引き起こされると考えられている．図 3.14 は，日本の 8 樹種における土壌への窒素負荷に対する個体乾物成長の反応と葉の栄養状態との関係を示している（Nakaji and Izuta, 2017）．日本の 8 樹種の葉の P 濃度，N/P 濃度比，Mn 濃度または Mn/Mg 濃度比と個体乾重量の相対値（窒素添加区で育成した苗木の個体乾重量／窒素無添加区で育成した苗木の個体乾重量）との間に有意な相関が認められた．この結果は，P と Mg は樹木の窒素感受性に関連する重要な栄養元素（植物必須元素）であることを示している．日本の 8 樹種の葉の窒素濃度は，最適または高い栄養バランスを保持しているヨーロッパの樹木における窒素濃度の基準値（マツ類は $17\ mg\ g^{-1}$，ナラやブナは $25\ mg\ g^{-1}$）より低い．また，日本の 8 樹種の葉の P 濃度は，ヨーロッパの樹種における P 欠乏の基準値（$1\ mg\ g^{-1}$）に比べて低い．土壌への窒素負荷によってアカマツ，ブナおよびスダジイの個体乾物成長が 10%低下した場合，葉の N/P 濃度比はそれぞれ約 20，35 および 55 であり，比較的高い値を示した．また，これら 3 樹種の個体乾物成長の低下にともなって，葉の Mn/Mg 濃度比はそれぞれ 0.8，1.0 および 1.3 を超える値を示した．葉の Mn/Mg 濃度比は主要な光合成酵素である Rubisco の活性化に関係しているため（Nakaji *et al.*, 2001；Manter *et al.*, 2005），土壌への窒素負荷による樹木の栄養不均衡としてきわめて重要である．

3.4.5 土壌への窒素負荷にともなう樹木の成長低下のメカニズム

図 3.15 は，窒素に対して感受性が高い樹種の個体乾物成長に対する土壌への過

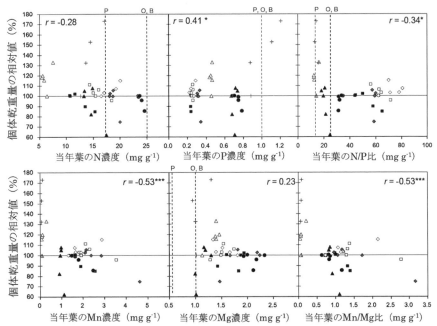

図3.14 土壌への窒素負荷量の増加に対する日本の8樹種の成長反応と当年葉の栄養状態との関係
（Nakaji and Izuta, 2017）

縦軸に示した個体乾重量の相対値は，窒素無添加区で育成した苗木の個体乾重量に対する窒素添加区で育成した苗木の個体乾重量の相対値である．全樹種の相関係数と有意水準を各図に示した（*p<0.05, ***p<0.001）．縦の破線は，ヨーロッパのマツ（P），オーク（O）およびブナ（B）における窒素の最適または高栄養状態とリンおよびマグネシウムの低栄養状態の閾値を示している．
＋：グイマツ雑種F_1，●ブナ，■スダジイ，□マテバシイ，◆アラカシ，◇アカガシ，△スギ，▲アカマツ．

剰な窒素負荷の影響に関する概略図を示した（Nakaji and Izuta, 2017）．一般に土壌中の硝酸イオン（NO_3^-）およびアンモニウムイオン（NH_4^+）は植物に対して肥料としてはたらくが，土壌への過剰なNO_3^-およびNH_4^+による窒素負荷は，HNO_3から生じる水素イオン（H^+）と硝化作用による土壌酸性化を引き起こす．土壌酸性化は，森林土壌から流域へのCaやMgなどの塩基の溶脱を引き起こし，土壌におけるMnとAlの溶出を促進する．この土壌における変化は，森林を構成する樹木に対して栄養不足を引き起こし，過剰害が発現するMnと植物毒性が高いAlの樹木体内における過剰な蓄積を引き起こす．また，土壌における高濃度のNO_3^-と高い酸性度は，根（菌根）に共生する菌根菌の種構成などに影響を及ぼし，菌根菌の感染率を低下させ，菌根の寿命を短縮する．一般に，樹木の根

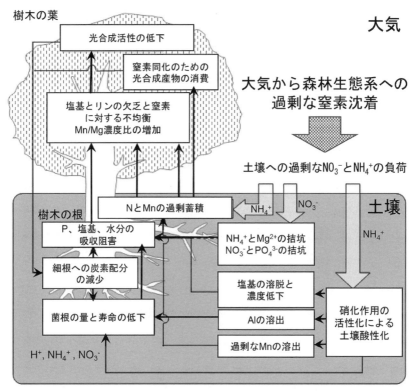

図3.15 窒素に対して感受性が高い樹種の個体乾物成長に対する土壌への過剰な窒素負荷の影響に関する概略図（Nakaji and Izuta, 2017）

に共生する菌根菌は，樹木における Mg や P などの栄養元素の吸収や水分の摂取に重要な役割を果たしている．土壌中に高濃度の NH_4^+ および NO_3^- が存在すると，根におけるこれらのイオンの取り込み部位で Mg^{2+} および PO_4^{3-} と化学的拮抗作用を引き起こし，樹木における Mn の過剰蓄積や Mg と P の欠乏などの栄養状態の悪化を引き起こす可能性がある．さらに，これらの栄養不均衡は，樹木における干ばつや霜などの環境ストレスに対する感受性を高める可能性がある．アカマツなどの窒素感受性が高い樹種では，土壌への過剰な窒素負荷によって葉の窒素濃度は高くなるが，Mg 濃度や P 濃度は低下するため，クロロフィル濃度や Rubisco 濃度が低下し，純光合成速度が低下する．さらに，葉内に過剰に蓄積した Mn は，本来は Mg が結合して活性化される Rubisco の活性化を阻害する（Nakaji *et al.*, 2001；Manter *et al.*, 2005）．その結果，窒素感受性が高い樹種においては，土壌

への過剰な窒素負荷による栄養不均衡による純光合成速度の低下が引き起こされ，最終的には個体乾物成長が低下する．

3.4.6　おわりに

樹木に対する土壌への窒素負荷の影響には樹種間差異が存在する．したがって，今後，森林生態系保護のための大気から地表面への窒素沈着量の臨界負荷量（森林生態系が悪影響を受けることのない大気から地表面への窒素沈着量の限界値）を推定する場合，窒素感受性の樹種間差異を十分に考慮する必要がある．また，森林生態系における窒素飽和によって，樹木の成長低下，光合成などの生理機能の阻害および栄養状態の悪化などが引き起こされる可能性がある．したがって，大気から土壌への過剰な窒素沈着による樹木の成長低下のメカニズムなどに基づいた対策を早急に実施する必要がある．　　　　　　　　　　　　　　　[伊豆田　猛]

■文献
Izuta, T. *et al.*（2005）*Journal of Agricultural Meteorology*, **60**, 1125-1128.
Manter, D. *et al.*（2005）*Tree Physiology*, **25**, 1015-1021.
Nakaji, T. and Izuta, T.（2017）*Air Pollution Impacts on Plants in East Asia*（Izuta, T. ed.），pp. 271-280, Springer.
Nakaji, T. *et al.*（2001）*Trees*（*Structure and Function*），**15**, 453-461.
Nakaji, T. *et al.*（2002）*Environmental Sciences*, **9**, 269-282.

3.5　森林における酸性物質の沈着

3.5.1　はじめに

酸性物質の沈着の例として，酸性雨（acid rain）がある．酸性雨は，化石燃料の燃焼にともなって大気へ放出された硫黄酸化物や窒素酸化物が風に乗って輸送される間に拡散して雲や降水に取り込まれ，硫酸や硝酸に変化し，強い酸性を示す降水となって地上へ降下する現象である．大気中には農業起源の NH_3 や土壌粒子中の $CaCO_3$ などの塩基性物質が存在し，これらも雲や降水に取り込まれて酸性雨を中和するため，pH が高いからといって汚染度が低い降水とは限らない．したがって，生態系への酸性雨の影響を評価する際は硫黄酸化物や窒素酸化物などの酸性物質の沈着量を指標にする．一方，SO_2 や NO_x などの大気中に存在するガス状物質やそれらが粒子化した硫酸塩粒子や硝酸塩粒子は，降水を介さずとも，

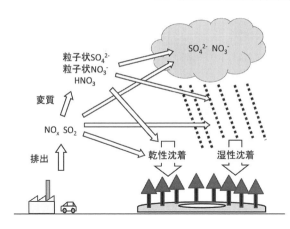

図 3.16 硫黄酸化物および窒素酸化物の発生から沈着までのプロセス

地表面と直接接触して付着する．このように，硫黄酸化物や窒素酸化物などの酸性物質が降水を介して地上へ降下する現象を湿性沈着，ガス・粒子状物質として地表面へ直接付着する現象を乾性沈着という（図3.16）．一般に，酸性物質の乾性沈着量は湿性沈着量に匹敵すると評価されており，生態系などへの影響を考える際には，湿性沈着だけではなく，乾性沈着も考慮しなければならない．また，酸性物質は風とともに長距離輸送され，数千 km 以上離れた場所で被害を及ぼすこともあり，酸性物質の沈着は越境大気汚染問題の1つである．

3.5.2 沈着量の把握

湿性沈着量は，地表の単位面積に単位時間あたりに降下する降水中の物質のフラックスと考える．湿性沈着量は，一定期間に降水を捕集し，捕集された降水中の物質の濃度と捕集期間中の降水量との積から求める．一般に，降水捕集器として，非降水時は蓋をして降水時のみ蓋を開けて捕集するウェットオンリーサンプラーが用いられている（図3.17 a）．これは，非降水時の捕集部への乾性沈着の影響を取り除くためである．

このような湿性沈着測定法に対して，2.4.3項で紹介した濃度勾配法や緩和渦集積法などの乾性沈着直接測定法は特殊であり，酸性物質の沈着量を長期にわたって広域で観測する目的では使いにくい．そこで，広域でのモニタリングネットワークで乾性沈着量を把握する方法として乾性沈着推定法（inferential method）が開発されている．乾性沈着推定法は，物質のフラックスを直接測定せず，以下

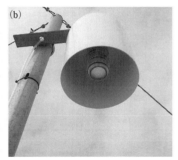

図 3.17　(a) 降水捕集装置（ウェットオンリーサンプラー）および (b) ガス・粒子捕集装置（フィルターパック）

の式（3.1）より乾性沈着量（F）を推定する.

$$F = C V_d \qquad\qquad (3.1)$$

ここで，C は大気中の物質の濃度（測定値），V_d はその物質の沈着速度（計算値）である. V_d は乾性沈着の理論に基づいたモデルに，気象要素や土地利用などのデータを入力して算出する. このモデルは抵抗モデル（resistance model）とよばれるものであり，3.5.3 項で解説する. 乾性沈着推定法は，濃度勾配法や緩和渦集積法のように乾性沈着をフラックスとして直接測定しているわけではないので，間接測定法ともよばれている. V_d は地域の気候や植生によって異なるため，乾性沈着推定法を適用する際には，その地域において上記の直接測定法を用いた抵抗モデルの検証を行い，より適したパラメタリゼーションを構築する必要がある.

　広域における硫黄酸化物（SO_x）と窒素酸化物（NO_x）の乾性沈着量に大きく寄与する大気成分として，ガス状の SO_2，HNO_3 および粒子状の $SO_4{}^{2-}$，$NO_3{}^-$ があげられる（図 3.16）. フィルターパック法（図 3.17 b）は，これらの成分を一度に効率よくフィルター上に捕集することができ，乾性沈着推定法の濃度測定に用いられている. フィルターパック法は，多段式のフィルターホルダーを用いて，1 段目で粒子をろ過捕集し，後段で各種ガスを捕集する方法である（EANET, 2013）. なお，NO_x 濃度が高い汚染地域では，NO_2 の沈着量も窒素酸化物の沈着量に寄与する. 森林への酸性物質の沈着量を把握する場合，対象地域の湿性沈着量およびガス・粒子成分濃度を代表できる平坦な場所で上記の方法（図 3.17）で測定する. 沈着速度は，森林を対象とした抵抗モデルを用いて，同じく対象地域を代表できる場所で測定された気象要素や葉面積指数などの必要なデータを入力

して計算する.

　上記の方法と異なるアプローチの測定手法として，林内雨樹幹流法（throughfall/stemflow method）がある．これは，降水が樹冠を通過する際に樹木に乾性沈着した物質を洗い流すと仮定し，林内の沈着量は全沈着量（湿性沈着＋乾性沈着）を表すと考える手法である．この手法を沈着量の評価に用いる場合は，樹木と降水の間の溶脱・吸収量が無視できる物質に限定して適用される．硫黄酸化物は比較的これらが無視できると考えられている．

3.5.3　乾性沈着の抵抗モデル

　乾性沈着推定法において沈着速度を算出する抵抗モデルは，大気中の物質が沈着面にたどり着くまでの間に3つの抵抗を受けると考える（図3.18）．これらの3つの抵抗は，空気力学的抵抗（aerodynamic resistance: R_a），準層流層抵抗（quasi-laminar layer resistance: R_b），表面抵抗（surface resistance: R_c）という．空気力学的抵抗は，大気の乱流拡散によるものである．乱流が大きいほど，物質は拡散されて上方にも下方にも移動しやすくなり，R_a は小さくなる．乱流拡散によって下方へ移動した物質は，沈着面近傍で乱流の及ばない準層流層に達する．この準層流層では，ガスは分子拡散，粒子はブラウン拡散によって移動する．拡散はランダムな方向に起こるが，一部は沈着面に到達する．この準層流層での分子拡散やブラウン拡散による抵抗が R_b である．沈着面に到達した物質は，沈着面との物理的，化学的あるいは生物学的な相互作用によって沈着のしやすさが決まる．これらの物質と沈着面との相互作用を抵抗で表したのが R_c である．これらの3つの過程を電気回路におけるオームの法則に見立てて，電流を乾性沈着フ

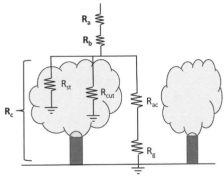

図3.18　森林におけるガス状物質の乾性沈着の抵抗モデル

ラックス，電位を濃度と見立てて，大気中の濃度は，R_a，R_b，R_c の抵抗を通過するたびに減衰し，沈着面で0になると考えると，以下の式（3.2）が得られる（松田，2017）.

$$V_d = \frac{1}{R_a + R_b + R_c} \tag{3.2}$$

図3.18は，一般的な森林に対する抵抗モデルの模式図である．この図に示した抵抗モデルでは，森林における物質の沈着先を気孔，クチクラ（外皮），土壌の3つと仮定して，それぞれの沈着面への抵抗を並列接続で表している．R_c は，並列接続部分の合成抵抗として，以下の式（3.3）から求められる.

$$R_c = \left[\frac{1}{R_{st}} + \frac{1}{R_{cut}} + \frac{1}{R_{ac} + R_g} \right]^{-1} \tag{3.3}$$

ここで，右辺第1項は気孔への沈着経路で R_{st} は気孔抵抗（stomatal resistance），右辺第2項はクチクラへの沈着経路で R_{cut} はクチクラ抵抗（cuticle resistance），右辺第3項は土壌への沈着経路で R_{ac} はキャノピー内空気力学的抵抗（in-canopy aerodynamic resistance），R_g は土壌抵抗（ground resistance）である．SO_2 や HNO_3 のような反応性や水溶性が高く沈着しやすい物質は，森林においては表面積の多くを占めるクチクラへの沈着経路が主となる．とくに，降水などで表面が濡れた状態になると，より沈着しやすくなるので，表面が乾いているか濡れているかを判定し，それによって R_{cut} の設定を変える必要がある．一方，NOのように沈着しにくい物質は，気孔への沈着経路が主となる．落葉した場合は，土壌への沈着経路が主となるため，R_{st} および R_{cut} を無限大として右辺の第1項と第2項の影響をなくして R_c を求める.

2.4.2項で述べたように，エアロゾルの沈着速度は粒径に大きく依存する．空気力学的な過程を経た後のエアロゾルの沈着は，ブラウン拡散，さえぎり，慣性衝突，重力沈降などの影響を受け，これらの効果は粒径によって大きく異なる．そこで，エアロゾルの場合，粒径に依存する R_b と R_c の項を1つの項にまとめて，さらに重力沈降の項を加え，以下の式（3.4）を用いることが多い（松田ほか，2017）.

$$V_d = \frac{1}{R_a + V_{ds}^{-1}} + V_s \tag{3.4}$$

ここで，V_{ds} は表面沈着速度，V_s は重力沈降による沈着速度である.

3.5.4 酸性物質の沈着量の評価

日本においては，環境省の越境大気汚染・酸性雨長期モニタリング計画のもと，酸性物質の沈着量の長期かつ広域評価が行われている．湿性沈着はウェットオンリーサンプラーによる降水捕集，乾性沈着は4段フィルターパック法（EANET, 2013）によるガス・粒子成分捕集を行っており（図3.17参照），乾性沈着推定法によって乾性沈着量を推計している（EANET, 2010）．図3.19に2013〜2017年の各測定局における硫黄と窒素の沈着量の5年平均値を示す．硫黄について，湿性沈着量は降水中のSO_4^{2-}の沈着量（ただし，海水由来のSO_4^{2-}を除いた量），乾性沈着量はSO_2および粒子状SO_4^{2-}の沈着量の和である．窒素については，湿性沈着量は降水中のNO_3^-およびNH_4^+の沈着量の和，乾性沈着量はHNO_3，NH_3および粒子状NO_3^-，NH_4^+の沈着量の総和である．窒素飽和あるいは窒素負荷による植物影響の観点から，大気からの窒素沈着量を評価する際には，窒素酸化物だけでなくアンモニアの沈着量も考慮して，両成分をあわせた窒素沈着量が推計されている．

日本における硫黄と窒素の沈着量の水平分布は似ており，東側の北端（利尻，落石岬）と南端（小笠原）で低く，本州や沖縄（辺戸岬）で高い傾向を示している．両者が似た傾向を示すのは，地域の汚染度を反映した結果であることに加えて，それらの沈着量に影響する降水量と沈着速度（とくにR_a）が両成分に同じようにはたらくことによるものと考えられる．図3.19に示した乾性沈着量は，測定局周辺1 kmの土地利用から森林と草地の面積割合を求め，それぞれの表面に対

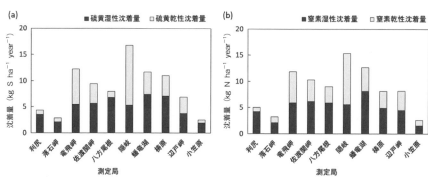

図3.19 日本における湿性および乾性沈着量の分布（2013〜2017年の平均値）（環境省，2019より作成）
(a) 硫黄沈着量，(b) 窒素沈着量．

する沈着速度を計算して重みづけ平均したものである．一方，Ban *et al.*（2016）は，測定局周辺10 kmの範囲の約70%以上が森林（低木を含む）である遠隔域の測定局において，森林を対象とした窒素沈着量を推計している．Ban *et al.*（2016）の対象年は2003～2012年であり，環境省（2019）の対象年とは異なるが，沈着量の分布は東側の北端と南端で低く，本州や沖縄で高いという同様の傾向が得られた．窒素沈着量の最大または最小測定局も同一で，隠岐 12.7 kg N ha^{-1} year^{-1}（最大），小笠原 3.0 kg N ha^{-1} year^{-1}（最小）と比較的近い値が推計されている．長期変動に関しては，対象期間の10年間で顕著な増減の傾向は認められない．Bleeker *et al.*（2011）は，臨界負荷量の研究を踏まえて，生態系への何らかの影響が起こる窒素沈着量の暫定的な閾値を 10 kg N ha^{-1} year^{-1} と設定し，全球での評価を行っている．上記の日本における研究結果から，日本の広域で 10 kg N ha^{-1} year^{-1} を超える窒素沈着量が長期間続いていることがわかる．

[松田和秀]

■文献

環境省（2019）越境大気汚染・酸性雨長期モニタリング報告書（平成25～29年度）.
　　http://www.env.go.jp/air/acidrain/monitoring/rep4.html
松田和秀（2017）越境大気汚染の物理と化学 改訂増補版（藤田慎一ほか著），pp. 181-200，成山堂書店.
Ban, S. *et al.*（2016）*Atmospheric Environment*, **146**, 70-78.
Bleeker, A. *et al.*（2011）*Environmental Pollution*, **159**, 2280-2288.
EANET（2010）Technical Manual on Dry Deposition Flux Estimation in East Asia.
　　https://www.eanet.asia/wp-content/uploads/2019/04/techdry.pdf
EANET（2013）Technical Manual for Air Concentration Monitoring in East Asia.
　　https://www.eanet.asia/wp-content/uploads/2019/04/techacm.pdf

第4章

植物に対する温暖化の影響

4.1 植物に対する気温上昇の影響

4.1.1 はじめに

　本節では，地球温暖化の進行にともなう気温上昇（高温化）が，樹木や農作物などに及ぼす影響について解説する．この世界的に問題となっている地球温暖化が及ぼす植物への影響を考える上で留意しなければならない点がある．温暖化の進行には温室効果ガス濃度の増加が大きく関与しているが，主要な温室効果ガスである二酸化炭素（CO_2）の増加は少なからず植物に影響を与える（4.3節を参照）．また，短寿命気候汚染物質（short-lived climate pollutants: SLCPs）ともよばれ，大気中での化学的な寿命が短く，温室効果の特性を強くもっている物質でガス状大気汚染物質の1つであるオゾン（O_3）も植物にさまざまな悪影響を及ぼす（第1章を参照）．さらに，温暖化の進行は気候変動を引き起こし，降水量が変化すると予測されている．そのため地域によっては乾燥化などの影響も受けてしまう（4.2節を参照）．したがって，植物に対する温暖化の影響を考える際には，単に気温上昇の影響だけでなく，温室効果ガスや気候変動などの影響もあわせて考えなければならない．さらに，これらの温暖化による生育環境の変化は，植物だけでなく，動物，昆虫，微生物なども影響を受ける．植物はさまざまな生物と密接なかかわりをもって生存しており，植物に対する温暖化の影響は，植物を取り囲む生態系全体への影響として捉える必要がある．

4.1.2 樹木への影響

　世界の平均気温は着実に上昇しており，1880〜2012年の132年間に約0.85℃上昇したと気候変動に関する政府間パネル（Intergovernmental Panel of Climate Change: IPCC）の第5次報告書（2014年）で報告されている．日本では，世界平均より早いペースで気温が上昇しており，100年あたり約1.2℃の割合で上昇し

ている．また，都市域などでは，都市化によるヒートアイランド現象なども加わって，100年間で3℃程度上昇したと考えられている．さらに，21世紀末の年平均気温は，何も対策をとらないと最大で5℃程度上昇するとの予測もある．

　この気温上昇の影響は，植物季節（phenology：フェノロジー）にさまざまな影響を与えている．植物季節とは，気温や日照などの季節変化に応答して示すもので，樹木では発芽，開花，紅葉，落葉などの季節に応じた変化のことを指している．身近なところでは，サクラの開花日や満開日の早期化があげられる．このサクラの開花日や満開日は平均気温との関連性が高く，1～4月の平均気温が1℃上昇すると開花日は約5日早まり，満開日は3～4月の平均気温が上昇すると4日程度早まっているとの報告がある．すでに1950年代以降の50年間で都市域のソメイヨシノの平均開花日が約6日早まっている．さらに温暖化が進行すると，平均開花日は2080年代から2100年ぐらいまでに全国平均で4日以上，東北の地域によっては20日程度早まるとの予測もある．その一方で，九州などでは冬の気温上昇の影響で休眠打破が遅くなり，開花日が4～8日遅くなると予測されている．さらに，南九州や沖縄ではまったく開花しなくなる可能性も指摘されている．これは，サクラの冬芽の開葉（休眠打破）には冬季の低温に一定期間さらされる必要があるが，温暖化による冬季の低温不足によって生じる現象である．

　イチョウやカエデの紅葉は，温暖化の進行にともなって遅くなっている．1950年代からの約50年間でカエデの紅葉日が全国平均で17日程度遅くなっている．このような落葉広葉樹の落葉量は9月の平均気温と関係が深いことがわかっており，この時期の気温が1℃上昇すると落葉のピークは4日程度遅くなるとの報告がある．また，常緑広葉樹は春の開葉時に葉を入れ替えるが，落葉のピークは3月の平均気温と関係が深く，この時期の気温が1℃上昇すると落葉のピークは6日程度早くなるとの報告がある．

　樹木の分布は，気温などの過去の気候の変化に対応して変化してきた．自らは移動できない樹木にとって，繁殖のみが移動の手段であるため，移動速度は速くない．たとえば，スギの移動速度は40 m year^{-1}，どんぐりなどによって繁殖するナラやシイ，カシ類では12 m year^{-1}程度と推定されている．森林植生は，標高による気温の変化によって，山頂部の高山帯や亜高山帯から山麓部の暖温帯に至る植生の垂直分布が比較的明瞭である．温暖化によって気温が上昇すれば，現在の植生分布域はやがて不適地となり，徐々に垂直分布が上方に移行していくこ

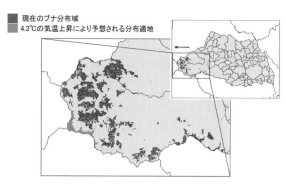

■ 現在のブナ分布域
■ 4.3℃の気温上昇により予想される分布適地

図4.1 埼玉県秩父地域における現在のブナ分布域と気温が約4℃上昇した場合の予想分布適地（埼玉県環境科学国際センター温暖化影響評価プロジェクトチーム，2008）

とになる．したがって，急速に気温上昇が進むと，それぞれの樹種の生育可能な気温帯の変化に移動が追いつかず，生育不適地になった樹木の衰退などが引き起こされる可能性がある．たとえば，埼玉県北部の奥秩父は標高による気温の変化によって，山麓部の暖温帯から山頂部の亜高山帯の植生が分布している．亜高山帯に多く生育しているブナは，現在は標高 1000 ～ 1500 m の地帯に多く生育しているが，気温が4℃程度上昇すると現在の生育地帯の9割で気温が高すぎる生育不適地になってしまう恐れがある（図4.1）．実際には，このような温暖化による樹木分布域の変化を精度高く予測することは簡単ではない．なぜならば，植物の分布域は単純に温度のみに依存しているわけではなく，繁殖の形態や種間競争などのさまざまな要因も加わっているからである．このような樹木への影響は森林生態系への影響とも深い関わりがあるため，4.4節もあわせて参照されたい．

　なお，果樹への影響については，4.1.3項において紹介する．

4.1.3 農作物への影響

　本項では，主に日本の農作物や農業に及ぼす高温化の影響とその適応策について解説する．

a. イネ（水稲）に及ぼす影響

　温暖化が進行したときのイネの収量に対する影響予測によると，現在（1979 ～ 2003 年の平均）に比べて，2050 年頃（2046 ～ 2065 年）のイネの収量は，北海道で 26％増収し，東北で 13％増収するが，近畿や四国では 5％程度減収するとの予測がある．また，豊作と凶作の振れ幅である変動係数が大きくなることが予測されている．温度は，イネの成長，収量形成，品質などのさまざまな過程に大きな

影響を及ぼす．イネの育成時の気温が上昇すると，葉や茎などの成長を早める一
方で，育成期間が短縮されるため収量に影響を及ぼす．また，高温は品質や食味
の低下を引き起こす可能性がある．イネの育成において，とくに高温の影響が大
きいのは出穂開花期と出穂期から数週間の温度環境である．出穂開花期に高温に
なると，穂温が高くなることによる受精障害により不稔籾（もみ）が多発するため，収量
減少の原因となることが懸念される（図4.2）．品種によって異なるが，開花時の
穂温が35℃を超えると不稔のリスクが高まる．また，イネの出穂後10〜20日間
の昼の最高温度が35℃を超え，平均気温が27℃を超えると，白未熟粒とよばれる
白く濁った粒や亀裂の生じた胴割れ粒が増えるなどの高温障害が発生する恐れが
ある．さらに，夜間の高温はイネの呼吸作用を増加させるため，日中に光合成に
よってつくられたデンプンが呼吸で消費されてしまい穂や根に送り込む量が少な
くなり，登熟歩合（全籾数に対する成熟した籾の割合）の低下，白未熟粒の発生，
胴割れ粒の増加などの原因となり，品質の低下が起こる（図4.2）．胴割れ粒は精
米時に砕けやすいため，食味の低下を引き起こす．近年では，このような夏季の
高温で米粒が白く濁ることによる品質の低下が起きにくい高温耐性品種の開発が
進んでおり，将来，育成品種が大きく変わっていく可能性がある．さらに，高温
によってイネの害虫であるニカメイガ，ツマグロヨコバイ，カメムシなどが増え
る．ニカメイガはイネの成長への悪影響を，ツマグロヨコバイは病気を媒介する．
また，カメムシはコメに黒い斑点をつけて品質を低下させるため，今まで以上に
防除対策が求められることになる．このような高温にともなう害虫問題は，ほか
の農作物でも同様である．温暖化は病害虫の北上を促し，冬季における死亡率の

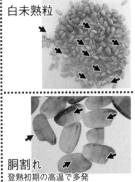

高温不稔
（籾に実が入っていない）
コシヒカリ

白未熟粒

胴割れ
登熟初期の高温で多発

図4.2　高温による不稔籾の多発と白
未熟粒や胴割れ米の増加［口
絵4参照］

低下や春季の発現時期の早期化，加害期間の長期化などを引き起こす．さらに，これまで国内に生息していなかった病害虫の侵入は，高温化が直接農作物に及ぼす影響ではないが，農作物生産において大きな懸念材料の1つである．

b. その他の穀物や野菜などに及ぼす影響

コムギでは，冬季の高温化によって幼穂形成や茎立ちが早まり，寒さに弱い幼穂が凍霜害を被るリスクが高まっている．また，温暖化によって，赤かび病などの増加，登熟期間の短縮による減収や品質の低下，さらに過繁茂や稈の徒長による稈長増大による倒伏増加などが引き起こされることが指摘されている．

ダイズでは，温暖化によって，害虫であるハスモンヨトウの発生の増加や生存の長期化が指摘されている．また，高温による乾燥が引き金になって，青立ち（莢は熟しているが茎葉が青いままで収穫を迎える症状で，収穫時に茎の汁がダイズ表面に付着して汚粒発生の原因となる），生育の抑制，収量や品質の低下，病虫害の増加などが起こることが懸念されている．

ホウレンソウは，コマツナなどのほかの葉物野菜に比べて高温に弱い．高温の影響は物質生産に直接関係し，高温下では成長速度が低くなるだけでなく，気温が3℃上昇するとその成長量は12〜18％程度減少すると予測されている．

キャベツ，ハクサイ，レタスなどの結球野菜では成長に対して高温の影響は受けにくく，日平均気温が30℃以上でも成長するが，結球時期に高温にさらされると結球が進まなくなる場合がある．また，レタスなどでは，商品価値に関係する茎（抽台茎：とう）の伸長は気温上昇の影響を受ける．気温が3℃上昇すると，抽台茎の長さが5 cmに達する日数が5〜8日早まり，収量が減少することが予測されている．

ジャガイモでは，高温化にともなって塊茎化期間が短縮されるため，玉数が減少し，イモの中心空洞などの内部障害が発生しやすくなる．

その他，ナスやトマトの高温による着花・着果不良やイチゴの花芽分化の遅れなどの生育不良も懸念されている．

c. 果樹に及ぼす影響

果樹は多年生作物のため，一度植えると数十年にわたって生産を続けなければならない．そのため，一年生作物と異なり，人為的に作期を移動させることが困難で気候変動にあわせることができない．さらに，果樹の産地が偏在していることからわかるように，栽培適地が狭いため，温暖化に対してほかの農作物に比べ

て脆弱である．加えて，栽植初期は木が小さく収量が少ないため，生産年数が短いと投資コストが回収できないので，ほかの作物より早い時期から温暖化に対する対策を検討する必要がある．

　4.1.2項で述べた温暖化による生物季節（フェノロジー）の変化が認められており，果樹の開花日の早期化が進んでいる．たとえば，東北地方のリンゴの開花日は，3～4月の平均気温が1℃上昇すると，4日程度早まっている．また，温暖化の影響による栽培適地の変化が予測されている．日本における現在のリンゴ栽培地は，道北，道東および西南暖地の平野部を除く広い地域に広がっている．今後，温暖化によって栽培適地は徐々に北上し，2060年代には北海道はほぼ全域が適地になる一方，関東以南はほぼ範囲外となる可能性がある．一方，ウンシュウミカンの栽培適地は，現在は西南暖地の沿岸地域であるが，温暖化が進行すると，2020年代に山陰地方などの日本海沿岸が最適地域になり，2040年以降は関東地方や北陸地方の一部も栽培最適地になると予想されている（図4.3）．

　このような温暖化による栽培適地の変化を引き起こすさまざまな要因を紹介する．まず，高温化にともなう発芽・開花不良と結実不良があげられる．4.1.2項でも述べたが，落葉性の果樹では夏季につくられた花芽が開花するためには，冬季にある程度の低温にさらされなければならない．温暖化の進行などにともなう暖冬によって低温期間が不足すると，春季に発芽不良を引き起こす．その結果，発芽や開花までの期間が長くなり，花が小さくなり，結実不良が引き起こされる．

図4.3　ウンシュウミカンの栽培に適する年平均気温（15～18℃）の分布の温暖化による変化
黒色：栽培適地，白：栽培適温より低い地域，灰色：栽培適温より高い地域（現在の値は1971～2000年の平均値）（農林水産省農林水産技術会議，2008）.

図4.4 高温によるブドウの着色障害
（農林水産省農林水産技術会議，
2007）［口絵5参照］

一方，落葉性の果樹の冷害も温暖化の進行にともなって増加すると考えられる．これは，秋冬季の気温上昇によって花芽の耐凍性が十分に高まらず，冬の寒さによって凍害を受け，花芽が枯死する現象である．また，温暖化によって開花期が早くなると述べたが，開花期が早くなりすぎると地域によっては発芽期と霜が降りる時期が重なり，霜害を受ける頻度が高まる恐れがある．

　次に，果実の着色不良があげられる（図4.4）．果実は，若い時期は緑色をしていても，収穫時期になるとリンゴは赤色に，ミカンやカキなどは橙色，ブドウは赤紫など，それぞれの果樹の色に変化する．これは，落葉広葉樹が紅葉するのと同じで，緑色のもととなる葉緑素が消失し，かわりに赤色（赤紫）の色素であるアントシアニンや橙色の色素であるカロテノイドなどが合成されるためである．この葉緑素の消失とそれら色素の合成は低温で促進されるため，着色期の温度が高いと着色が進みにくくなる．このような高温によって果皮の着色が遅くなったり，阻害されたりすることが，すでに日本国内でもブドウ，リンゴ，カキ，ウンシュウミカンなどで報告されており，温暖化の進行によって商品価値の低下などが引き起こされることが懸念される．

　さらに，果実の日焼けや果肉障害があげられる．この現象は，高温が直接果実に障害を引き起こすもので，組織が高温障害を受けて発生する．この果実の日焼けは，柑橘類，リンゴ，ナシ，モモなどの多くの果樹で認められる．前述の着色不良は比較的長期の高温によって発生するものであるが，この日焼けは極端な高温でも発生する．たとえば，リンゴでは，果実温度が50℃ぐらいまで高くなると日焼けが起こりやすくなる．気温30℃以上のときに直射日光が当たるとこの危険温度を超える可能性があり，温暖化による「日焼け果」の発生の増大が懸念されている．高温による果肉障害としては，ナシやモモの果実の成熟期や幼果期の高温で誘発される「みつ症」などがあげられる．また，高温によるミカンの浮皮の発生による品質や貯蔵性の低下も懸念される．この浮皮とは果肉と果皮が剥離す

る現象で，春季の高温化で開花期が早まる一方で，着色期の高温化によって着色
が抑制されることにより，結果として果実の生育期間が長期化してしまい果皮が
必要以上に肥大してしまうことによって起こる．

d.　農業への影響と適応策

農作物は前述のように，高温化によってさまざまな影響を受ける．そのため，
農業への影響も多岐にわたる．農業への影響はプラスの面（メリット）とマイナ
スの面（デメリット）があると考えられる（図4.5）．

高温化は作物種によっては栽培期間が短くなることによる生産性の向上や今ま
で栽培できなかった暖地性作物の栽培が可能になったり，施設園芸などにおいて
は冬季の暖房費の節約などのメリットがある．たとえば，高温化は，寒冷気候の
ため冷害による被害をたびたび受けてきた北日本の水稲栽培にとっては，冷害年
の発生頻度が少なくなり，高品質で安定的な生産が期待されるためメリットとな
りうる．その一方で，作物種によっては高温化によって生産不適地になったり，
生産量や品質の低下が引き起こされる可能性がある．また，病害虫の北進や越冬
などの農業生態系への影響も懸念されている．

このような高温化の影響に対する適応策は，対象とする作物種や栽培地域など
によって異なるが，高温にさらされることを回避する高温回避対策と，高温に対
する耐性を高める高温耐性対策が考えられる．たとえば，高温回避対策としては，
高温の影響を受けやすい生育時期が高温出現期から外れるように植える時期（作

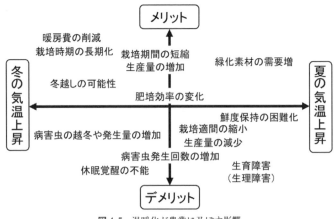

図4.5　温暖化が農業に及ぼす影響

期）を調整したり，遮光を施すなど作物体の温度を下げるような栽培技術管理を施すといったことがあげられる．一方，高温耐性対策としては，適切な土壌，水や肥培の管理による高温耐性の増強や，高温下でも生理障害などが発生しにくい高温耐性品種の開発や導入，さらにはそれぞれの地域に適した品種の見直しや栽培作物の種類を替える作目転換などがあげられる．加えて，個別の高温影響に対する適応対策だけでなく，高温化にともなうさまざまな複合的な影響や，適応策の実施にともなうコストや生じうる新たなリスクなどの間接影響もあわせて考慮することが近い将来の農業において必要不可欠であると考えられる．

［米倉哲志］

■文献

埼玉県環境科学国際センター温暖化影響評価プロジェクトチーム（2008）緊急レポート　地球温暖化の埼玉県への影響．

農林水産省農林水産技術会議（2007）農林水産研究開発レポート　No.23.

農林水産省農林水産技術会議（2008）研究成果，**442**, 1-117.

山川修治ほか編（2017）気候変動の事典，朝倉書店．

IPCC（2014）*Climate Change 2014: Impacts, Adaptation and Vulnerability*, Cambridge University Press.

4.2　植物に対する水ストレスの影響

4.2.1　はじめに

　草本では重量の約90％，樹木では約50％を水が占めている．樹木で含水率が低くなるのは，厚い細胞壁や多くの死んだ細胞が積み重なって大きな身体を作り上げるといった樹木の性質のためである．道管のように死んだ細胞が水を通すといった重要な機能をもっているという点は植物独特の特徴である．しかし，生きて化学反応を活発に行っている細胞の中は水によって満たされている．生物にとって，水はなぜそのように重要な物質になったのであろうか．それは，普通の大気圧下では0℃から100℃といった範囲で液体であること，高い比熱，さまざまな分子を溶解できるといった水の化学的な特性により，生命体が化学反応を安定的に維持するために水は適切な物質であるからである．

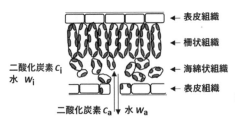

図4.6　葉の横断面の模式図と，水と二酸化炭素
　　　　分子の拡散によるガス交換

4.2.2　植物における水の消費

　植物は固着性であるため，一般に種子定着した場所で生き，成長し，繁殖して
いく必要がある．そこは移動能力の高い動物との大きな違いである．とくに陸上
植物にとっては，土壌に根を張り，水や栄養塩を吸収する必要がある．陸上植物
は光合成をするために気孔を開く．しかし，気孔から二酸化炭素分子を取り込む
とともに，水分子は植物体から大気へと出ていく（図4.6）．したがって，気孔の
開閉は植物のジレンマになる．こういった葉と大気の間の分子の移動はガス交換
とよばれ，葉内の空間間隙と大気の間で分子濃度差がある場合，濃度差に従って
その分子は移動する．また，その濃度差が大きいほど，分子は移動しやすくなる．
こういった濃度差に依存した分子の移動を拡散とよぶ．拡散による分子の移動速
度（J: mol m^{-2} s^{-1}）は，系1と系2の間の濃度差（$C_1 - C_2$: mol mol^{-1}）と分
子の拡散のしやすさ（拡散係数 K: mol m^{-2} s^{-1}）によって決まり，それは下記の
ような一般式（4.1）で表される．

$$J = (C_1 - C_2) K \qquad\qquad (4.1)$$

　濃度差（$C_1 - C_2$）が大きいほど分子は拡散しやすくなるため駆動力とよばれ，
拡散係数（K）は分子の移動のしやすさなのでコンダクタンスとよばれる．コン
ダクタンスは，通りにくさである抵抗の逆数（1／抵抗）になる．この式（4.1）
は，電流＝電圧／抵抗（もしくは電流＝電圧・コンダクタンス）と同じ形をして
いる．

　気孔を通じた二酸化炭素分子の拡散速度（すなわち光合成速度）は，式（4.2）
で表される．

$$A = (C_a - C_i) g_{st}^{CO_2} \qquad\qquad (4.2)$$

ここで A は光合成速度（μmol m^{-2} s^{-1}），C_a と C_i はそれぞれ大気と葉内空間間
隙の二酸化炭素濃度（μmol mol^{-1}），$g_{st}^{CO_2}$ は二酸化炭素分子に関する気孔コンダ
クタンス（μmol m^{-2} s^{-1}）である．

気孔を通じた水分子の拡散速度（すなわち蒸散速度）は式（4.3）で表される.

$$E = (E_i - E_a)\, g_{st}^{H_2O} \tag{4.3}$$

ここで E は蒸散速度（mmol m^{-2} s^{-1}）, E_i と E_a はそれぞれ葉内空間間隙と大気の水蒸気濃度（mmol mol^{-1}）, $g_{st}^{H_2O}$ に関する水分子の気孔コンダクタンス（mmol m^{-2} s^{-1}）である. 計算には, これらの式の右辺と左辺の単位があっていることが重要である. その単位が mol mol^{-1} であったり, Pa Pa^{-1} の場合があったりするが, 右辺と左辺の単位がそろっていれば, mol mol^{-1}, Pa Pa^{-1} 以外の単位の値を使っていてもこれらの式は成立する. また, 水分子は二酸化炭素分子よりも小さいため大気中で拡散しやすく, $g_{st}^{H_2O}$ は $g_{st}^{CO_2}$ の 1.6 倍になる. すなわち同じ気孔開度であっても, 水分子は二酸化炭素分子よりも 1.6 倍の拡散コンダクタンスをもつことになり, 同じ気孔開度でも水分子は二酸化炭素分子より拡散しやすい.

　濃度差が分子の拡散の駆動力になるので, もし同じ気孔開度の場合, その濃度差が大きいほど, 光合成速度や蒸散速度は大きくなる. 現在の大気二酸化炭素濃度は, 約 400 µmol mol^{-1}（ppm）である. 葉内の二酸化炭素濃度は, 葉が光を浴びて光合成をしているときは低下し, 大きく日変化するが, たとえば 200 µmol mol^{-1} とすると, 二酸化炭素濃度分子の駆動力は, 400－200 ＝ 200 µmol mol^{-1}（0.0002 mol mol^{-1}）になる. 一般に, 葉内空間間隙は湿っているので, 葉内の相対湿度は 100％と考えられる. 一方, 大気の相対湿度は, 雨が降っていたら 100％近くになっており, 晴れて乾いていたら低下する. たとえば, 1 気圧（101.3 kPa）, 気温 30℃の飽和水蒸気圧は 0.0419 kPa kPa^{-1} であり, この時の相対湿度 30％の水蒸気圧は 0.0419×0.3 ＝ 0.0126 kPa kPa^{-1} である. この条件のときに蒸散を引き起こす水分子の駆動力は, 0.0419－0.0126 ＝ 0.0293 kPa kPa^{-1} となる. この場合, 水分子の駆動力は二酸化炭素分子のそれの約 147 倍にもなる.

　このような式をもとに計算された, ブナの陽葉のある晴れた夏の 1 日の単位葉面積あたりの蒸散量と光合成量は, それぞれ 10900 mol m^{-2} と 30 mol m^{-2} で, 1 日の蒸散量は光合成量の約 360 倍である（Uemura *et al.*, 2005）. そこで, 蒸散量を光合成量で割った値（A/E）を光合成の水利用効率（water use efficiency: WUE）とよび, 植物が炭素獲得のために消費する水の量を見積ることができる. この場合, 単位葉面積あたりで考えれば, 1 枚の葉（個葉）の水利用効率になる. また, 森林全体の樹木による炭素獲得や畑や牧草地における農作物の収量を考え

た場合は，土地面積あたりの水利用効率となる．このような水利用効率は，一定
の収量を得るために必要な水の量の目安になる．

4.2.3　陸上植物の体内における水の移動

　水の動きをモデル化するために，水ポテンシャルの概念が導入された．その定
義から，水ポテンシャルは圧力単位で表され，水は水ポテンシャルが高いほうか
ら低いほうへ動くように表され，もっとも高い水ポテンシャルが0になるように
定義されている．すなわち，ある系の水ポテンシャルは0からマイナスの値をも
ち，ある系とある系の間の水ポテンシャルの差が大きいほど水を動かす駆動力は
大きくなる．大気内の水蒸気を考えた場合，水は相対湿度が高いほうから低いほ
うへと動くので，相対湿度100%のときに水ポテンシャルが0になるようになっ
ている．

　大気の水ポテンシャル P は，$-(\ln(n/n_0)RT)/V$ で表される．$PV = nRT$ と同
形の式で，R はモル気体定数，T は絶対温度，V は体積である．この時，n は水
蒸気分子の数で，n_0 は相対湿度100%のときの水蒸気分子数になる．相対湿度が
100%の空気では，$\ln(n/n_0) = 0$ となって，その水ポテンシャルは0となる．ま
た，液体の水ポテンシャル P は $-nRT/V$ で表され，ファントホッフの式とよば
れている．n はイオンの数で，純水は電荷をもたないので $n = 0$ であり，その水
ポテンシャルは0になる．すなわち，同温・同圧下では，相対湿度100%の空気
や，純水の水ポテンシャルは0であり，それよりも低い系（マイナス値の水ポテ
ンシャル）と接すれば，低い側に水分子は移動していく．

　植物体内でも，水は水ポテンシャル差に従って移動する．植物が光合成をする
ために気孔を開くと，葉は脱水し，細胞内部のイオン濃度（n/V）の上昇や膨圧
の低下によって葉の水ポテンシャル（P）は低下する．それによって，植物体の
水は葉へと移動し，さらに植物体のポテンシャルが土壌の水ポテンシャルより低
ければ，土壌から根，茎を通じ，葉へと水が流れていく．夜の砂漠では，土壌の
水ポテンシャルが植物体のポテンシャルより低い場合があり，逆に根から土壌へ
と水が流れ出ることもある．

　このような土壌から葉へ流れる水の流れは，水ポテンシャルという圧力差で動
くので，拡散ではなく，マスフローとよばれ，拡散よりも長距離の移動を可能に
する．このように，葉の水ポテンシャルが低下して水を引き上げる，もしくは吸

い上げる形なので，木部道管には強い負圧がかかる．実際の野外に生活する植物の茎部の道管の負圧は，日中には−1.0 MPa よりも低下することがある．大気圧は 0.1 MPa ほどなので，道管にはマイナス側に大気の 10 倍以上の強い負圧がかかっている．すなわち，そのような強い負圧をかけないと，土壌から水を吸い出すことはできない．また，このように強い負圧をかけて水を引き上げるには，水分子がつながっていることが重要である．水分子（H_2O）は，酸素側に電子の偏りがあるため，電気的に水分子は引き合っている．これは水素結合とよばれ，その力は比較的強く，$20 \sim 30$ kJ mol^{-1} はある．その水素結合によって表面張力が生まれ，道管の中でも水分子同士がつながって，土壌から葉へ水が上がってくる．このように，土壌から葉へ水分子同士がつながって引き上げられるので，これをとくに SPAC（soil-plant-air continuum）モデルとよぶ（図 4.7）．このような SPAC モデルを仮定すると，下記のように電気の式と同じ形で水の動きをモデル化することができる（式 4.4）．

$$E = (\psi_{\text{soil}} - \psi_{\text{leaf}}) \, K_{\text{soil-to-leaf}} \qquad (4.4)$$

ここで，E は単位葉面積あたりの蒸散速度（mmol m^{-2} s^{-1}），ψ_{soil} は土壌の水ポテンシャル（MPa），ψ_{leaf} は葉の水ポテンシャル（MPa），$K_{\text{soil-to-leaf}}$ は単位葉面積あたりの土壌から葉への通水コンダクタンス（mmol m^{-2} s^{-1} MPa^{-1}）である．この式（4.4）が成り立つのは，水の流れが定常状態，すなわち吸われる水の量と葉からの蒸散量が等しいときである．

　この式（4.4）をもとに，蒸散速度（E），ψ_{soil} や ψ_{leaf} の水ポテンシャル，土壌から葉への通水コンダクタンス（$K_{\text{soil-to-leaf}}$）のパラメータを植物がどのように制御しているかを調べることで，植物の水利用の仕方をモデル化することができる．たとえば，蒸散速度は，気孔コンダクタンスと大気と葉の間の水蒸気圧差で決定

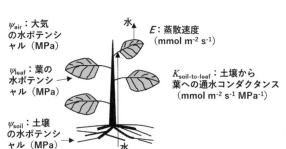

ψ_{air}：大気の水ポテンシャル（MPa）

水↑

E：蒸散速度（mmol m^{-2} s^{-1}）

ψ_{leaf}：葉の水ポテンシャル（MPa）

$K_{\text{soil-to-leaf}}$：土壌から葉への通水コンダクタンス（mmol m^{-2} s^{-1} MPa^{-1}）

ψ_{soil}：土壌の水ポテンシャル（MPa）

水↓

図 4.7　植物体の水移動を表す SPAC モデル

され（式 4.3），単位葉面積あたりの土壌か
ら葉への通水コンダクタンスは細根面積と
葉面積のバランスや細根や道管の通水性な
どで制御される．

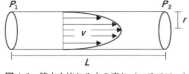

図 4.8　管内を流れる水の流れ（マスフロー）

　道管の中の水の流れは，管の中を流れる
流体を想定し，ハーゲン・ポアズイユ則とよばれる下記の式（4.5）でモデル化さ
れる（図 4.8）．円筒管を通過する流体の平均流則 V（m s^{-1}）は，以下の式（4.5）
で表される．

$$V = \frac{r^2}{8\eta} \frac{\Delta P}{L} \tag{4.5}$$

ここで r は円管の半径（m），η は水の動粘性（kg m^{-1} s^{-1} = Pa s），ΔP は水
管の両端の圧力差：$P_1 - P_2$（Pa），L は円管の長さ（m）である．

　そこで図 4.8 の V を円管の軸に沿って積分することによって，下記の式（4.6）
のように円筒管を通過する流体の流量 Φ（m^3 s^{-1}）となる．

$$\Phi = \frac{\pi r^4}{8\eta} \frac{\Delta P}{L} \tag{4.6}$$

したがって，流速は管の半径の 2 乗に比例し，流量は管の半径の 4 乗に比例する
ので，少し管が太くなるだけで多くの水を流すことができる．

4.2.4　道管の水切れとトレードオフ

　蒸散している日中は道管内には強い負圧がかかっており，それによって道管内
の水管が切れてしまうと，そこから水は上がらなくなる．そのような道管内の水
切れをキャビテーション（cavitation）とよび，空気や分泌物などによって道管が
閉塞された状態をエンボリズム（embolizm）とよぶ．このようなエンボリズムを
起こす気象要因として，夏の強い乾燥や冬や春先に起こる凍結融解などがある．
凍結融解では，寒い夜は道管内の水が凍って体積が膨張し，日中は太陽光によっ
て温まって溶けると水の体積は減ってしまう．そのような水の体積の増減変動に
よって道管の水中に空気が入ると考えられている．

　道管が太くなれば通水性は上昇するが，エンボリズムが生じやすくなると考え
られる．このように，一方のメリットを追求すると，デメリットが生じてしまう
ことは生物ではよくみられる現象であり，これをトレードオフとよんでいる．そ

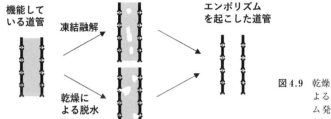

図4.9 乾燥による脱水と凍結融解による, 道管内でのエンボリズム発生のメカニズムの違い (Sperry, 1983 から改変)

こで植物は道管をむやみに太くするわけにはいかないと考えられ, 道管の太さとエンボリズムの起こしやすさとの関係が調べられた. その結果, 凍結融解過程では, 道管の太さとエンボリズムの起こしやすさには高い正の相関が認められたが, 乾燥による脱水過程では正の相関があっても種間のばらつきが大きく, その相関係数は低下した (Sperry, 1983). Sperry (1983) によれば, 凍結融解過程では水の体積変動にともなって空気が道管内内部に生じるが, 脱水過程では道管壁にある壁孔壁の構造や数が関与しているためであると考えられる (図4.9). また, 道管に強い負圧がかかる樹種では, 道管壁や壁孔構造を物理的に守るため, 硬く比重が高い茎や幹をつくる必要があるといったトレードオフもはたらく. すなわち, 葉の水ポテンシャルを低くできる樹種ほど, 葉が水を吸う力が強くなるが, 道管の水切れは起こしやすくなったり, 硬い幹をつくったり, 低い水ポテンシャルにも膨圧を維持できる葉をつくるなどのコストが必要となる.

　道管が維持する通水機能は, 太い道管をもつ環孔材樹種では1年間ほど, より細い道管をもつ散孔材樹種では数年間, 針葉樹では仮道管しかもたないが, 仮道管ではさらに長寿命になる. したがって, 樹木が生命を維持するためには新しい道管をつくっていく必要がある. また, エンボリズムが生じた道管に対して, 内部の空気を追い出し, 水の再充填 (refilling) を行う機能もあると考えられている. 春先や夜間にとくに道管内に正圧を作りだす根圧は, その再充填の機能と考えられる. 一方, 普通の日中に負圧条件下で再充填が可能であるという説もある. そのためには, エンボリズムを生じた道管内に糖を放出し, その糖の高い浸透圧 (低い浸透ポテンシャル) によって水を吸収し, 空気を追い出すメカニズムが考えられる. しかし, この負圧下の水の再充填は測定上のアーティファクト (人為的結果) であるという説もあり, 今後さらなる検証が必要である.

4.2.5　地球温暖化と樹木の水利用戦略と乾燥枯死

　地球の温暖化により，今後ますます降水量変動が大きくなると考えられている．突発的な干ばつによる樹木の枯死や森林の崩壊は，日本ばかりでなく世界各地のバイオームで報告されている（図4.10）．太平洋赤道域の日付変更線付近から南アメリカ沿岸にかけて海面水温が平年より高くなり，その状態が1年程度続く

図4.10　小笠原父島で突発的に起きた干ばつにより乾燥障害を受けた固有樹種シマイスノキ（石田厚撮影，2019年3月）［口絵6参照］

現象であるエルニーニョ現象や同海域で海面水温が平年より低い状態が続く現象であるラニーニャ現象の頻度の増加も，干ばつや洪水の頻度を増やす．樹木の枯死は，少なくともその樹木が生きてきた期間には生じなかったような強い干ばつが生じたときに起こる．そのような干ばつに対して，将来の植生の変化や森林を修復するには，樹木の乾燥枯死の生理的なメカニズムやどのような特性をもった樹種群（functional type）が乾燥によって枯死しやすいか，逆に乾燥耐性が高いかなどを明らかにしていく必要がある．

　樹木種にはさまざまな乾燥耐性や水利用に関する戦略がある．乾燥に対して葉や植物体を維持していく drought (dehydration) tolerance と蒸散面である葉を落としたり地上部を枯らしてしまう drought (dehydration) avoidance といった水利用戦略がある．また，高い気孔開度や蒸散速度をもつ water spender（水消費型）に対して，逆の特性をもつ water conserver（水保存型）といった水利用戦略の分け方もある．さらに，それぞれの中間型も存在する．高い気孔開度をもつ樹種は高い光合成速度と関連するため，葉内窒素は被食防衛より光合成酵素へと多く分配される．葉をつくる炭素コストを低くし葉は薄くなると，葉寿命は短くなる．また，高い気孔開度をもつことは，道管の負圧を高めにできるため，比重の軽い柔らかい茎をつくり，それはまた寿命の短い枝，エンボリズムが起こりやすい道管，貯蔵組織（柔細胞）の多い茎と関連している．すなわち，葉の性質は，幹の性質とも関連し，植物のさまざまな形質間でトレードオフ関係を生じさせる．

　どのような特性の樹種が乾燥による枯死を起こしやすいのだろうか．これは，

現在，世界的な干ばつの頻発と相まって，主要な研究トピックの1つになっており，まだ結論は得られていない．その中で，樹木の乾燥枯死のメカニズムとして，通水欠損仮説と糖欠乏仮説が提唱されている．通水欠損仮説は脱水による道管の水切れを主要因に，糖欠乏仮説は気孔閉鎖による光合成の低下と貯蔵糖の欠乏を主要因に考え，それぞれ科学的な証拠をもって提唱されてきている．

　著者らによる小笠原に生育するウラジロエノキの研究では，乾燥初期には通水欠損が進み，最後は糖欠乏によって枯死に向かうといった過程がみられ，それぞれの仮説を支持するような過程が存在した（Kono *et al.*, 2019）．糖欠乏は貯蔵糖が少ない実生などで，通水欠損は枝先が高い位置にある成木でみられやすいことが考えられる．また，柔らかい茎は生きた柔細胞が多く，多くの糖を貯蔵できる機能をもっているが，枝や葉が枯死しやすく，脱水による柔細胞の障害を受けやすいかもしれない．小笠原での観察では，今までめったになかったような厳しい乾燥がかかると，柔らかい茎や葉をもった樹種はすぐに葉を落として個体として脱水を防ぐ対応ができているが，硬い葉や道管の水切れをしがたい樹種は乾燥がかかっても葉を維持することによってかえって乾燥枯死を引き起こしているようにみえる．また，土壌が薄くほかの樹種が生きられないような乾燥しやすい場所に生育する，いわゆる普段の気象状態では乾燥に強い樹種が乾燥枯死しやすいということも観察される．これは，土壌が薄いため土壌が極端に乾燥しやすかったり，道管の負圧を極端に落としすぎたりしているためである．このように，乾燥に強い樹種が，極端な乾燥が生じると枯死してしまうようなこともある．したがって，地球環境変動による極端な乾燥による樹木種の枯死や生残の調査，乾燥枯死の生理メカニズムの解明，森林の組成や機能の将来予測の精度，森林の修復や自然の保全技術を高めていく必要がある．それと同時に，低炭素社会を実装できるような社会や経済システムを同時につくっていく必要がある．　　　[石田　厚]

■文献
Kono, Y. *et al.*（2019）*Communications Biology*, **2**, 8.
Sperry, J.（1983）*Water Transport in Plants under Climatic Stress*（M. Borghetti *et al.* eds.），pp. 86-98, Cambridge University Press.
Uemura, A. *et al.*（2005）*Forest Ecology and Management*, **212**, 230-242.

4.3　植物に対する高濃度二酸化炭素の影響

4.3.1　はじめに

二酸化炭素（CO_2），メタン（CH_4）および亜酸化窒素（N_2O）は，地球温暖化の主要な原因物質である．この中で，CO_2 は生態系における生産者である植物のもっとも重要な生理機能である光合成の基質という側面をもつ．南極やグリーンランドの氷床に閉じ込められている大気の解析に基づくと，約 60 万年にわたって大気 CO_2 濃度は 200 ～ 300 ppm で推移してきた．しかし，産業革命以降の化石燃料の消費拡大にともなって，大気中の CO_2 濃度は急激に増加している．世界で最初に大気 CO_2 濃度の長期モニタリングを開始したハワイのマウナロアのデータによると，大気 CO_2 濃度は 1974 年 10 月から現在までの期間において，一度も前年同月の CO_2 濃度を下回っておらず，まさに増加の一途をたどっている（図 4.11）．さらに，IPCC の第 5 次評価報告書によると，複数のシナリオに基づく今世紀末の CO_2 濃度は 420 ～ 1142 ppm（平均 759 ppm）と予測されており，さらなる CO_2 濃度の増加は避けられない状況にある．本節では，植物に対する高濃度 CO_2 の影響として，光合成・成長の応答をほかの生物との共生にかかわる内容も含めて解説する．その後，初期の CO_2 応答研究の問題点を踏まえた野外における CO_2 付加実験から得られた知見を論じる．

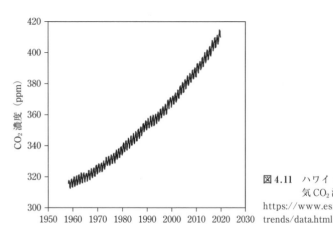

図 4.11　ハワイ・マウナロアにおける大
　　　　気 CO_2 濃度の推移
https://www.esrl.noaa.gov/gmd/ccgg/
trends/data.html

4.3.2 高濃度二酸化炭素に対する光合成のダウンレギュレーション

一般的な光合成測定装置を用いて，葉を収納したチャンバー内の CO_2 濃度をさまざまに変化させると，図 4.12 で示した黒プロットのような曲線が描ける．なお，気孔の開閉にともなって外気から葉緑体への CO_2 の拡散のしやすさが変化することを考慮し，葉内 CO_2 濃度（C_i）に対する純光合成速度（A）の応答曲線を描くことによって気孔の影響が排除されている．この A-C_i 曲線の解析によって，葉緑体の光合成活性や光合成の気孔制限を求めることができる．ただし，この解析は葉内の CO_2 拡散が一様であることが前提となり，気孔が一様に開いていない場合は C_i が過大評価になることに注意が必要である．

現在の大気 CO_2 濃度環境において，C_3 植物（還元的ペントースリン酸回路だけで光合成炭素同化を行う植物）の強光時の光合成速度は CO_2 飽和しておらず，今後の大気 CO_2 濃度の増加にともなって光合成速度は増加すると予想される．しかしながら，実験的に作り出した高濃度 CO_2 環境において植物を数週間から数カ月間育成すると，光合成のダウンレギュレーション（down regulation of photosynthesis；負の制御）とよばれる現象が起こり，当初高かった光合成速度が徐々に低下していくことがある．この光合成のダウンレギュレーションの存在により，将来の高濃度 CO_2 環境における植物生産の予想が難しくなっている．

高濃度 CO_2 環境における光合成のダウンレギュレーションはなぜ起こるのだろうか．図 4.13 は，CO_2 濃度 360 ppm と 720 ppm の条件下で約 4 カ月育成したグイマツ雑種 F_1（母樹をグイマツ，花粉親をカラマツとした雑種第一代）の光およ

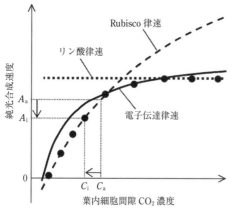

図 4.12 純光合成速度と葉内細胞間隙 CO_2 濃度の関係（A-C_i 曲線）
C_a：外気 CO_2 濃度，C_i：葉内細胞間隙 CO_2 濃度，A_a：$C_i = C_a$（外気から葉内への CO_2 拡散抵抗がない状態）における純光合成速度，A_i：C_i における純光合成速度．任意の C_i における A は Rubisco 律速，電子伝達律速およびリン酸律速のうちもっとも低い値に律速される（黒丸）．A の気孔制限（L_s, %）は $L_s = (A_a - A_i)/A_a \times 100$ で表される．

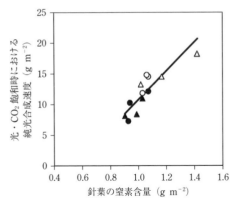

図4.13　グイマツ雑種F_1苗の光・CO_2飽和時における純光合成速度と針葉の窒素含量の関係（Watanabe *et al.*, 2011より作成）白抜きのプロットがCO_2濃度360 ppm，黒塗りのプロットがCO_2濃度720 ppmで育成したものである．

びCO_2飽和条件における純光合成速度と針葉の窒素含量の関係を示している．一般に，窒素は植物体の中で葉に多く分配され，葉においてはRubiscoをはじめとした光合成系への窒素分配割合が高い．そのため，葉の窒素含量とさまざまな光合成活性の間には正の相関が認められることが多い．この実験においても，純光合成速度は針葉の窒素含量と正の相関を示したが，高濃度CO_2環境で育成したグイマツ雑種F_1では針葉の窒素含量が低く，それが光合成能力の低下を引き起こしたと考えられる．さらに，図4.13の回帰直線は正のx切片をもっていることから，高濃度CO_2環境下では窒素あたりの純光合成速度で表される光合成窒素利用効率も低下していたことがわかる．

　高濃度CO_2による葉の窒素含量の低下は多くの植物において認められており，育成初期の光合成促進によって増加した炭水化物（光合成産物）が成長を促進させた結果，窒素成分が希釈されたために引き起こされると理解される．一方，ハッカダイコンやジャガイモなどでは，光合成産物が地下貯蔵器官に蓄えられるため，葉の窒素濃度の低下が起きにくく，光合成のダウンレギュレーションも起きにくい．このように，光合成産物の生産（ソース，葉）に対する光合成産物の消費・利用・貯蔵（シンク，出葉中の葉，茎や幹，根，繁殖器官など）のバランス（シンク-ソース関係）は植物に対する高濃度CO_2の影響を理解する際に重要である．

　葉における糖の蓄積も高濃度CO_2環境下における光合成のダウンレギュレーションの要因の1つとして考えられている．高濃度CO_2によって光合成速度が高くなった際に，シンク能力が十分でない場合，葉緑体でデンプンが蓄積する．この

デンプンが物理的に葉緑体を変形させたり，葉緑体内での CO_2 拡散を阻害することで，光合成速度の低下が引き起こされると考えられている．

4.3.3 シンクとしての共生微生物

多くの植物にとって，微生物との共生関係は生育に欠かすことができない重要な生物間相互作用である．この微生物との共生は，植物の高濃度 CO_2 に対する応答にも大きな影響を及ぼす．ダイズの多くの品種は根粒菌と共生関係にあり，根において根粒を形成する．ダイズの高濃度 CO_2 応答に関するメタ解析（複数の先行研究の結果を統合して解析する手法）では，根粒を形成する品種の高濃度 CO_2 による純光合成速度の増加率は，根粒を形成しない品種のそれに比べて約3倍高いことが示されている．根粒菌は空中窒素固定を行うことが可能であり，そこで得られた窒素は宿主であるダイズが利用できる．一方，ダイズの葉で生産された光合成産物は根粒菌に与えられる．すなわち，根粒菌は光合成産物のシンクとしてはたらいており，高濃度 CO_2 によって増加した光合成産物を消費しながら窒素固定を活性化することで，糖の蓄積や窒素濃度の低下を抑制していると考えられる．このような現象は，窒素固定菌と共生しているハンノキ属などにおいても認められている．

菌根は，菌類（菌根菌）と植物の共生系としてもっとも重要な生物間相互作用の1つである．いくつかある菌根の形態のうちもっとも代表的なものは，アーバスキュラー菌根と外生菌根である（図4.14）．被子植物（胚珠が子房に包まれている種子植物）の85％はアーバスキュラー菌根を形成する．一方，外生菌根菌に感染する植物は地球上の植物の10％程度と考えられているが，温帯以北（南半球では以南）の主要な森林構成樹種（ブナ科，マツ科，カバノキ科など）は外生菌根を形成することから，これら2つの形態の菌根はどちらも地球上の生物圏の維持に欠かすことができない共生であるといえる．菌根菌も根粒菌と同様に宿主である植物から光合成産物を供給されるため，シンクとしての役割をもつと考えられるが，菌根の有無が高 CO_2 応答に及ぼす影響に関する明確な知見が得られていない．しかしながら，植物の高 CO_2 応答における菌根の種類と土壌養分の関係に関する新たな知見が得られている．

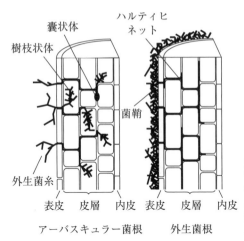

図 4.14　アーバスキュラー菌根と外生菌根の形態
アーバスキュラー菌根では菌糸が皮層細胞内に
侵入するが，根の表面が菌糸のネットで覆われ
ることはない．一方，外生菌根では菌糸が根の
表面を覆い菌鞘を発達させるが，細胞内には侵
入しない．

4.3.4　高濃度二酸化炭素に対する成長応答

前述の光合成のダウンレギュレーションの可能性は指摘されるものの，一般に
CO_2 濃度の増加にともなって光合成速度は増加し，その結果として植物の成長も
促進される．しかしながら，C_4 植物（C_4 ジカルボン酸回路による大気 CO_2 の初
期固定を行い，還元的ペントースリン酸回路によって炭素同化する植物）におい
ては，高濃度 CO_2 による成長促進作用はあまり起こらない．これは C_4 光合成機
構の中に CO_2 の濃縮機構が存在するため，大気 CO_2 濃度の増加が光合成の基質供
給量の増加に直結しないためであると考えられている．一方，C_3 植物内において
も高濃度 CO_2 による成長促進の程度に種間差異や機能型による違いがあり，草本
植物と比較して木本植物のほうが高濃度 CO_2 による成長の促進が顕著である．

4.3.5　FACE

FACE とは free air CO_2 enrichment（開放系大気 CO_2 増加）の略称であり，
さまざまな高濃度 CO_2 実験の様式の中でもっとも自然に近い条件で CO_2 を付加で
きる方法である（図 4.15）．一般的な FACE では対象とする植物体を囲むように
CO_2 放出口をリング状に配置し，風上の放出口のバルブを開くことによって植物
体が存在する空間の CO_2 濃度を増加させる．この手法が広く用いられる大きなき
っかけとなったのは，Arp（1991）の指摘によるところが大きい．Arp（1991）
は，それまでの高濃度 CO_2 実験（多くはポットを用いた制御環境で行われていた）

にかかわる文献調査を行い，光合成のダウンレギュレーションの程度は実験で使用されたポットの大きさに依存する（ポットが小さいとダウンレギュレーションが大きくなる）という「ポットサイズ効果」を示した．現在においては，ポットサイズそのものではなく，主に根に供給される栄養量の違いが要因と考えられているが，この Arp（1991）による

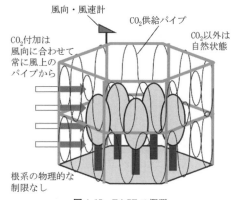

図 4.15 FACE の概要

指摘は実験室で得られた結果の不確実性と野外環境における実験の必要性を強く示唆するものであった．

　農作物を対象とした FACE（リングの直径が 8 m 以上のもの）はアメリカ合衆国，イタリア，ドイツ，オーストラリア，中国および日本において実施され，コムギ，イネ，トウモロコシ，オオムギ，ソルガム，ダイズ，エンドウ，ジャガイモ，テンサイ，ワタ，キャッサバなどが対象とされてきた．これらの FACE 実験により，コムギ，イネ，オオムギ，ダイズなどの主要な C_3 作物では，野外環境下においても CO_2 濃度の増加にともなう光合成速度の増加によって 10〜20% の収量増加が起こることが示された．また，ジャガイモやキャッサバなどの塊茎や塊根をもつ C_3 作物では，それぞれ 28〜50% と 89% というように，イネ科の穀物より大きな収量の増加が認められた．一方，トウモロコシやソルガムなどの C_4 作物では，高濃度 CO_2 による光合成速度の増加は小さく，収量増加もほとんどないことが FACE 実験でも確認された．

　日本においてはイネを対象とした FACE 実験が岩手県雫石で 7 年間にわたって，茨城県つくばみらい市で 8 年間にわたって実施された．イネの FACE 実験においても，ほかの主要 C_3 作物と同様に収量増加が認められたが，その程度は品種間で著しく異なった．この違いを生み出す大きな要因は，穂数や一穂あたりの籾数といったシンク能力に関する収量構成因子であった．すなわち，大きなシンクを確保し，そこに光合成産物を十分に供給できる品種において，高濃度 CO_2 による大幅な収量増加が期待できることが示された．実際に高濃度 CO_2 による収量増加が顕著だった多収品種であるタカナリがもつ籾数を増やす遺伝子 *APO1* を，一

般の主食用品種であるコシヒカリに導入した系統では，高濃度 CO_2 環境下で増加
した光合成産物を大きな穂によって多く転流させ，高い収量が得られている
（Nakano *et al.*, 2017）．

　森林を対象とした FACE 実験は，温帯林を中心にアメリカ，イタリア，オース
トラリア，イギリスで実施されており，テーダマツ，モミジバフウ，ポプラ，ア
メリカシラカンバ，サトウカエデ，ユーカリ，ヨーロッパナラなどを対象に進め
られてきた．また，2016 年よりブラジルにおいて世界初となる熱帯における
FACE 実験（AmazonFACE）が開始されている．日本では，北海道大学で 2003
～ 2013 年に実施された Mini-FACE 実験がアジアで唯一の樹木を対象とした
FACE 実験である．

　一般に，苗木を対象とした高濃度 CO_2 付加実験では樹木の葉面積は増加する．
しかしながら，これまでの森林 FACE 実験の解析結果は高濃度 CO_2 による葉面
積の単純な増加を支持しなかった．具体的には，対照区の葉面積指数（leaf area
index: LAI，土地面積あたりの葉面積）が小さい条件では高濃度 CO_2 によって
LAI は大きく増加したが，対照区の LAI の増加にともなって高濃度 CO_2 による
LAI の増加率は低下し，LAI が $5\,m^2\;m^{-2}$ ほどになるとほとんど LAI の増加はな
くなった．すなわち，高濃度 CO_2 による LAI の増加は樹冠閉鎖が起こるまでの
期間に限られることが明らかになった．

　光合成応答に関しても興味深い知見が得られている．前述の Arp（1991）の指
摘に基づけば，森林 FACE 実験では光合成のダウンレギュレーションが起こら
ず，林分の一次生産は増加し続けると予想される．実際に，オークリッジ（アメ
リカ）で行われた ORNL FACE では開始から 6 年目までモミジバフウの純一次
生産の継続的な増加（約 24%）が認められていた．しかしながら，6 年目以降，高
濃度 CO_2 による純一次生産の促進が低下していき，11 年目においては 9% の増加
にとどまった．また，同時期に測定された個葉レベルの光合成速度において高濃
度 CO_2 による有意な増加は認められなかった．この原因として，生態系として利
用できる窒素の不足が指摘されており，森林 FACE 実験においても栄養分が高濃
度 CO_2 による成長促進の制限要因になりうることが明らかになった．

　植物の高濃度 CO_2 に対する成長応答は，過去数十年にわたって世界中で研究さ
れており，非常に多くの成果が報告されている．それらの報告の網羅的な解析も
行われ，新たな知見が得られている．図 4.16 は，FACE による高濃度 CO_2 への

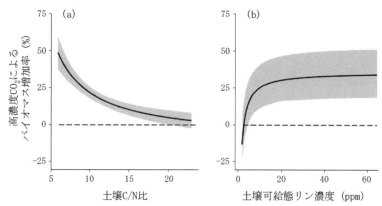

図 4.16　高濃度 CO_2 によるバイオマス増加に与える土壌養分要因（Terrer *et al.*, 2019 より作成）
（a）アーバスキュラー菌根菌に感染する植物のバイオマス増加と土壌 C/N 比の関係，（b）外生菌根菌に感染する植物のバイオマス増加量と土壌可給態リン濃度の関係．灰色部分は 95% 信頼区間である．

植物の成長応答に対する土壌の C/N 比（炭素濃度 / 窒素濃度）や可給態リン濃度の影響に関する解析の結果である．アーバスキュラー菌根菌が感染する植物の高濃度 CO_2 による成長促進は土壌の C/N 比に強く依存したが，外生菌根菌が感染する植物の成長促進は土壌可給態リン濃度に依存した．この解析では CO_2 の付加形態（FACE，人工気象室，オープントップチャンバーなど）が，高濃度 CO_2 による成長増加程度に対して有意に影響することも示しており，野外における調査の重要性を裏づける結果となった．

　北海道大学の Mini-FACE では，木部の通水機能に注目した研究が展開された．高濃度 CO_2 環境では葉の気孔が閉じ気味になることから，蒸散が抑制され，その結果として通水機能の低下（木部道管直径の低下）が予想されていた．しかしながら，散孔材のウダイカンバとイタヤカエデ，環孔材のミズナラ，針葉樹（仮道管）のカラマツの道管直径に高濃度 CO_2 の有意な影響は認められなかった．さらに，環孔材のハリギリでは高濃度 CO_2 による道管直径の増加も認められている．また，この Mini-FACE 実験ではさまざまな特性をもった 11 樹種の同時育成が行われた結果，カバノキ属などの遷移前期種が上層を占め，その下部に遷移後期種のブナが置かれた．そこで，台風などの攪乱にともなうギャップ形成を上層木の伐採によって再現し，その前後のブナの光合成特性の変化が調査された

(Watanabe *et al.*, 2016). 上層木伐採の翌年において高濃度 CO_2 環境下で育成したブナの葉の窒素含量は対照区より低く，高濃度 CO_2 環境にもかかわらず光合成速度は低下傾向にあった．これらの結果はブナの葉の光環境の変化に対する順化応答が高濃度 CO_2 によって遅れることを示しており，将来の森林の撹乱にともなう遷移に高濃度 CO_2 が関与する可能性を指摘するものである．

　FACE 実験はその運用に多くの資金を要するため，経済的な理由によって実験を中止する事例が多くある．しかしながら，森林などの自然生態系の植物や物質の動態は数十〜数百年の時間スケールで進行するものであり，いまだに長期的な高濃度 CO_2 の影響は未解明な部分も多い．また，高濃度 CO_2 環境下で光合成速度が増加し，植物が利用できる炭水化物が増加した場合，その他の環境変動に対する応答や生物間相互作用に強い影響を引き起こすことが予想されるが，それらに対する研究は十分ではない．今後，さらなる研究の発展が期待される．

[渡辺　誠]

■文献
Arp, W. J.（1991）*Plant, Cell & Environment*, **14**, 869-875.
Nakano, H. *et al.*（2017）*Scientific Reports*, **7**, 1827.
Terrer, C. *et al.*（2019）*Nature Climate Change*, **9**, 684-689.
Watanabe, M. *et al.*（2011）*Tree Physiology*, **31**, 965-975.
Watanabe, M. *et al.*（2016）*Plant Biology*, **18**（suppl. 1）, 56-62.

4.4　森林生態系に対する温暖化の影響

4.4.1　はじめに

　地球の平均気温は過去 100 年間に約 0.7℃上昇しており，21 世紀末にはもっとも低い CO_2 排出予想を用いる場合でも平均気温が 0.9 〜 2.3℃，もっとも高い排出予想を用いる場合は 3.2 〜 5.4℃上昇することが予測されている．気温は森林生態系における多くのプロセスを制御している重要な要因であるため，これまでに樹木の光合成や呼吸，開花や開葉，植物・昆虫・微生物相の変化などへの温暖化の影響が報告されている．また，気温上昇に対する植物や微生物活動の反応の結果として，森林内および外部環境との間の物質循環が変わり，地球環境を変化させる（これをフィードバックとよぶ）ことも報告されている．フィードバック

は温暖化を促進する方向にはたらく場合（厳密には，フィードフォワードとよび
フィードバックと区別する場合もある）も，抑制する方向にはたらく場合も報告
されている．森林は多様な動植物相からなる巨大な生態系であり，樹木の寿命は
数十年以上と長い．そのため，多様な動植物相と多くの環境要因が複雑に相互作
用し合っている森林生態系が温暖化に対していつ・どのように応答するのかなど，
不明な点が多く，種，地域，履歴によって相反する研究結果が得られる場合もあ
る．

　温暖化にともなって，台風や熱波，竜巻，洪水や豪雪，干ばつ，冷夏や猛暑な
どの極端気象が増加することが予測されている．一般に，これらの極端気象は生
態系の破壊や樹木の枯死や成長の抑制などの負の効果を引き起こすことが報告さ
れている．研究対象範囲が多岐にわたるため，本節では主に気温上昇が森林に及
ぼす直接的影響，あるいは気温上昇にともなう大気の乾燥が森林に及ぼす間接的
影響に関する野外観測や実験の結果を温帯や亜寒帯の森林を中心に紹介する．

4.4.2　開葉や落葉などのフェノロジーに与える影響

　樹木の発芽，開葉，開花，落葉などの季節変化する現象，あるいはそれらを対
象とする学問分野をフェノロジーとよぶ．フェノロジー研究では，たとえば，毎
年春先の風物詩となるサクラの開花前線の記録なども対象となる．これまでに蓄
積された長期観測データを用いて研究することができるため，研究例も多い．一
方，生物の季節変化は温度の変化と同期するほかの環境変化の影響も受けるため，
一般にフェノロジー研究によって得られた温暖化影響は温度のみを変化させて得
られた操作実験の結果と比べて過大評価する可能性も指摘されており，結果の解
釈には注意が必要である．

　冷温帯から亜寒帯にかけて分布する森林や寒帯のツンドラ植生は，温度が光合
成能力や着葉期間の制限要因になっていることが多く，気温の上昇によって開葉
が早期化する例が多数報告されている．植物の開葉や開花などのタイミングは，
成長に関与する一定温度（5℃とするのが一般的）以上の積算温度によって説明で
きる場合が多い．一方，気温上昇に対する落葉の応答は樹種によって異なり，落
葉期の気温上昇に対して落葉が遅延する場合，開葉の前倒しに対応して落葉が早
期化する場合，あるいは落葉時期に変化がみられない場合が報告されている．落
葉が早期化する場合もその程度は開葉に比べて小さい場合が多く，着葉期間は長

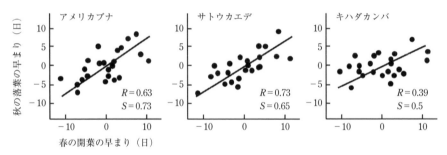

図 4.17　Hubbard Brook 研究林における 24 年間の観測をもとにした春の開葉日と秋の落葉日の関係
（Keenan and Richardson（2015）を加筆修正）
図中のシンボルは 24 個体の平均値である．X 軸と Y 軸の日数は期間平均値に対する相対値である．R と
S はそれぞれ，相関係数と線形関係式の傾きである．傾きが 1 より小さい場合は開葉の早まり日数の方が
大きい．

くなる場合が多い．

　アメリカ合衆国北東部で，アメリカブナ（*Fagus grandifolia*），サトウカエデ
（*Acer saccharum*），キハダカンバ（*Betula alleghaniensis*）の落葉樹 3 種を対象
にした研究（Keenan and Richardson, 2015）では，3 種とも気温が高い年は開葉
が早く，それにともなって落葉も早期化しており，落葉時期は開葉時期の影響を
受けていることが報告されている（図 4.17）．この研究によれば，気温上昇にと
もなう落葉時期の早期化は開葉時期のそれよりも程度が小さいため，温暖化は着
葉時期をおおむね長くする傾向にあることが報告されている．一方，日本のイチ
ョウ（*Ginkgo biloba*）を対象にした研究によれば，近年の平均気温の上昇にとも
なって開葉時期の早期化と落葉時期の遅延が同時進行で起きており，温暖化にと
もなう着葉期間の大幅な延長が報告されている（Matsumoto *et al.*, 2003）．北海道
のミズナラ（*Quercus crispula*）の枝の温度を 5℃上昇させた研究やダケカンバ
（*Betula ermanii*）の樹冠の気温を 1℃上昇させた野外操作実験においても，着葉
期間が 16 〜 18 日長期化することが報告されている（Nakamura *et al.*, 2010；
2016）．

4.4.3　森林の成長に及ぼす影響

　温度上昇が森林の成長に及ぼす影響も樹種によって異なり，同樹種の場合でも，
その種の分布の北限や南限などの生育立地条件，サイズ，森林群落内での他樹種
との競争関係の中で反応が異なることが指摘されている．さまざまな気候帯の樹

木の成長と温度変化の影響に関する 63 報の研究論文の結果を利用した統合解析によると，亜寒帯や温帯の樹種では 3 〜 6℃の気温上昇によって平均して約 3 〜 4 割のバイオマス（現存量）増加が起こる可能性があること，熱帯の樹種では生育地の温度より上昇した場合も低下した場合も成長が抑制される傾向にあることが報告されている（Way and Oren, 2010）．1 年を通じて温度変化が小さい熱帯で生育する樹木は，光合成や成長が生育地の温度に最適化されており，その温度が変化することは成長を抑制することにつながると考えられている．この統合解析では，常緑樹よりも落葉樹で成長促進効果が大きいことも報告されている（図4.18）．気温の変動に敏感に反応して着葉期間を変更できる落葉樹は，温暖化によって成長が促進されやすいと考えられている．着葉期間の変更に加え，いくつかの落葉樹では温度の上昇によって最大 CO_2 固定速度の上昇，葉・幹・枝などの地上器官への投資割合の増加，温度上昇に対する呼吸の馴化による炭素消費の抑制などが報告されており，温暖化への適応性が高いと考えられている．

　葉量や樹高が増加することによって地上器官への投資割合が高くなると，光獲得に有利にはたらいて光合成能力を高める効果がある一方，相対的な根量の減少や通水距離の増加などが引き起こされ，乾燥ストレスに対してより矮弱になる可能性もある．温度上昇と同時に起きている大気 CO_2 濃度の増加は，蒸散量を抑制することによって乾燥耐性を高める効果が報告されており，負の影響を低減する可能性はあるが，定量的な影響評価のためには温度と CO_2 濃度の変化を同時に考慮した操作実験から得られる知見の蓄積が必要である．

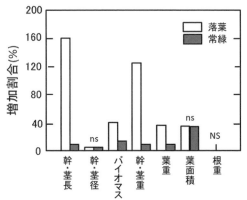

図 4.18　温度上昇が樹木の成長に与える影響についての既存の研究（最大 182 例）をもとに解析した 3.4℃の温度上昇に対する各器官の成長の増加割合（%）（Way and Oren（2010）を加筆修正）

値は落葉樹・常緑樹別の平均値である．ns は落葉・常緑樹間で差がないことを，NS は温度上昇効果がないことを表す．

　気温が上昇すると大気に含むことができる水蒸気の量が増えるため，植物体や土壌からの蒸発散によって大気に移動する水の量が増え，植物が乾燥ストレスを受ける頻度が高くなる．乾燥にともなう成長抑制や衰退は，落葉広葉樹よりも，常緑針葉樹で顕著であることが報告されている．アラスカ内陸部では，増加する乾燥ストレスに加えて，伐採や火災による攪乱頻度の増加の影響を受けて老齢なクロトウヒ（*Picea mariana*）やシロトウヒ（*Picea glauca*）などの常緑針葉樹林が衰退していることが報告されている（Barber *et al.*, 2000）．常緑針葉樹が衰退している場所や北方林の北限に隣接するツンドラ植生においては，落葉樹や灌木の侵入が観察されはじめている．一方，排水性が高く土壌水分が少ない立地に生育する落葉広葉樹のアスペン（ポプラ：*Populus tremuloides*）は，乾燥している年においても，気温や生育期間の条件によって成長が促進される場合もあることが報告されている．北海道北部の針葉樹と広葉樹が混交している森林における38年間にわたる長期森林動態観測においても，無雪期における気温と降水量の増加が落葉広葉樹の成長促進と常緑針葉樹の成長抑制に寄与している可能性が報告されている（Hiura *et al.*, 2019）．

　年輪の幅や密度の経年変化を解析した研究では，成長期間の温度と樹木の成長の間に正の相関がみられる場合が多く，温度上昇は成長を促すと考えられていた．しかし，1950年代以降，この関係がとくに常緑樹で弱くなっていることが多くの北半球の樹種で報告されており，その原因として，近年，温度は樹木成長に大きな制限を与えない程度に上昇しており，乾燥ストレスなどのほかの環境要因の影響を強く受けるようになってきている可能性が指摘されている．ロシアのカムチャッカ半島でカヤンデリカラマツ（*Larix cajanderi*）の年輪幅の経年変化を調べた研究では，年輪幅は前年成長期間の降水量と正の相関が認められたが，水分欠乏とは負の相関が認められている（Takahashi *et al.*, 2001）．この地域は降水量が少なく，カラマツの成長に乾燥ストレスが重要な要因となっているためであると考えられている．夏季に乾燥する地中海性気候であるヨーロッパのイベリア半島における研究においても，気温が上昇すると乾燥が進み，樹木は気孔を閉じてCO_2を吸収できなくなり，マツ属3種の年輪成長が抑制されていることが報告されている（Andreu-Hayles *et al.*, 2011）．

　一方，東シベリアのヤクーツク周辺では，2005〜2007年の多雨多雪が永久凍土の融解を促し，地表が滞水することによって根がダメージを受け，カヤンデリ

カラマツの枯死と地表植生の変化が起きており，このために群落光合成量が減少したことが14年間の観測によって明らかにされている（Ohta *et al.*, 2014）．乾燥も多雨も成長に負の影響を与えており，大きな気候の変化はそこに優占する種にとって好ましくないケースとなることが多いと考えられる．

アメリカ合衆国北東部では，気候変動による降雪の減少とそれにともなう土壌凍結頻度の増加が懸念されている．冬季積雪に覆われるアメリカ合衆国北東部の落葉広葉樹林で行われた5年間の積雪除去実験によれば，積雪初期4〜6週間の積雪除去によって積雪期の平均積雪深を8〜79％減少させた結果，サトウカエデの地上部木部の成長速度が40％減少し，実験終了1年後もその影響が継続したことが報告されている（Reinmann *et al.*, 2019）．積雪除去によって土壌凍結深度が7〜35 cm深くなることによって根がダメージを受け，無雪期の成長にも影響を及ぼしたと考えられる．この結果から，成長期のみの温暖化影響評価は，樹木の成長促進効果を過大評価する可能性が高いことが指摘されている．

温度上昇がほかの生物相の活動に変化を与え，間接的に樹木の成長に影響を及ぼす例も報告されている．土壌の微生物の活動が温度の制限を強く受けている冷温帯や亜寒帯の森林では，温度上昇による微生物の活動促進にともなって森林が利用できる土壌中の窒素が増加し，樹木の成長が促進されたという報告もある．スウェーデンのヨーロッパトウヒ（*Picea abies*）林で行われた野外操作実験では，5℃の地温上昇によって成長が年間60％増加したことが明らかにされている（Jarvis and Linder, 2000）．窒素の増加に対する樹木の成長応答にも樹種間差が存在するため，温度上昇は長期的には森林の構成に影響を与える可能性がある．

野外の高木を対象にした温暖化実験では，樹木と虫の相互作用が温暖化によって変わることが明らかにされている（Nakamura *et al.*, 2010；2016）．北海道に生育するミズナラとダケカンバを対象にして，樹冠部の枝と土壌を温めた結果，ミズナラでは枝の温暖化によって展葉期が延長するものの，葉の大きさや枝の成長への効果が認められないが，土壌の温暖化によって葉の窒素量が減り，その一方でフェノールの濃度が増加し，葉の食害率が32〜63％減少したことが報告されている．一方，ダケカンバでは，枝の温暖化によって当年枝あたりの芽や雄花の数が増加する傾向が認められており，同所的に生育する冷温帯を代表する落葉樹2種で温度上昇への反応が著しく異なった．この違いには，樹種による成長戦略の違いが反映されていると考察されている．

4.4.4　森林の炭素循環に及ぼす影響

　健全な森林は，光合成を行うことによってCO_2を吸収しているのと同時に，植物の呼吸や微生物による土壌炭素の分解によってCO_2を排出しており，光合成と呼吸のわずかな差によって森林生態系の正味の炭素吸収・放出量が決まっている．前述のように，温度上昇は樹木の光合成や成長に対して促進する効果も抑制する効果もあるのに対して，一般に呼吸や土壌炭素の分解は温度上昇によって指数関数的に増加する．そのため，温暖化によって森林は炭素を吸収する方向に影響を受けるのか，その逆であるのかは条件によって変わり，定量的な議論が盛んに行われている．

　一般に春先の温度上昇は植物の成長開始時期を早め，光合成が可能な期間を延長することによって一年間の生態系全体の光合成量や正味CO_2吸収量を増やす効果があるが，光合成活性が低下する盛夏期～秋期の気温上昇は生態系全体の呼吸量を増やし，正味CO_2吸収量を抑制する効果がある．Piao *et al.*（2008）は北方林24サイトの総計108年分の炭素収支観測の経年変化を解析した結果，後者の効果が勝ることによって気温が1℃上昇すると$0.032\,\mathrm{Mg\,C\,ha^{-1}}$の$CO_2$放出効果があると報告している．

　さまざまな生態系を対象とした土壌の温暖化実験の統合研究によって，寒冷な気候帯で土壌炭素量が増えるほど温暖化により土壌炭素の放出量が増えることが明らかにされており，北方林やツンドラ植生が巨大な炭素の放出源となることが懸念されている．一方，北アメリカの冷温帯混交林における土壌温暖化実験では，温度上昇によって土壌微生物の活動が促進され，植物が利用可能な土壌中の窒素量が増え，光合成量が増加したことが報告されている（Melillo *et al.*, 2011）．実験開始から7年経過した時点で，光合成量の増加は温暖化による土壌炭素の分解促進効果と同程度となり，CO_2の吸収効果と放出効果が相殺されている．生態系レベルの炭素収支の温暖化応答を評価する際には，このような間接的な光合成の促進効果も検討し，放出効果と定量的な比較を行うことが必要である．

4.4.5　森林の種構成や分布に及ぼす影響

　現在進行している温暖化の速度は，これまで地球が経験した気温の変動と比べて10～100倍速い．植生分布の境界付近では，種構成の変化や適切な温度環境に移動する兆候（一般に高緯度や高標高地に移動）も報告されているものの，移動

が追いつかず衰退する種が数多く出てくることも懸念されている．Lenoir and Svenning（2015）によると，気候変動が関与すると考えられる陸上性植物の移動に関するこれまでの85件の研究論文のうち，高標高への移動に関する研究がもっとも多く，ついで高緯度への移動，分布域内での優占度の変化などとなっている．

4.4.3項で述べたように，アラスカ内陸部や北海道北部などにおいて，老齢な針葉樹の衰退と落葉樹の優占割合の増加が報告されている．また，環境省が進めている長期観測（モニタリングサイト1000）によって得られた森林動態の観測データを解析した結果，落葉広葉樹と常緑針葉樹との境界付近における落葉広葉樹の増加傾向が明らかにされている（Suzuki *et al.*, 2015）．この研究では，常緑広葉樹と落葉広葉樹との境界付近における常緑広葉樹の増加も報告されており，より温暖な植生の北方への進出が顕在化しはじめていることが明らかにされている．気候変動の影響に加えて，人為・自然攪乱が世代更新を促すことを介して，種構成の変化を起こすきっかけとして作用していると考えられている．

［高木健太郎］

■文献

Andreu-Hayles, L. *et al.*（2011）*Global Change Biology*, **17**, 2095-2112.
Barber, V. A. *et al.*（2000）*Nature*, **405**, 668-673.
Hiura, T. *et al.*（2019）*Forest Ecology and Management*, **449**, 117469.
Jarvis, P. and Linder, S.（2000）*Nature*, **405**, 904-905.
Keenan, T. F. and Richardson, A. D.（2015）*Global Change Biology*, **21**, 2634-2641.
Lenoir, J. and Svenning, J. C.（2015）*Ecography*, **38**, 15-28.
Matsumoto, K. *et al.*（2003）*Global Change Biology*, **9**, 1634-1642.
Melillo, J. M. *et al.*（2011）*Proceedings of the National Academy of Sciences of the United States of America*, **108**, 9508-9512.
Nakamura, M. *et al.*（2010）*Agricultural and Forest Meteorology*, **150**, 1026-1029.
Nakamura, M. *et al.*（2016）*Trees*, **30**, 1535-1541.
Ohta, T. *et al.*（2014）*Agricultural and Forest Meteorology*, **188**, 64-75.
Piao, S. *et al.*（2008）*Nature*, **451**, 49-52.
Reinmann, A. B. *et al.*（2019）*Global Change Biology*, **25**, 420-430.
Suzuki, S. N. *et al.*（2015）*Global Change Biology*, **21**, 3436-3444.
Takahashi, K. *et al.*（2001）*Eurasian Journal of Forest Research*, **3**, 1-9.
Way, D. A. and Oren, R.（2010）*Tree Physiology*, **30**, 669-688.

第5章

環境ストレスの植物影響の評価法

5.1　指標植物による大気汚染物質の植物影響評価

5.1.1　大気環境評価への植物の利用

　日本では，19世紀末・明治時代後期の足尾銅山の煙害などによる森林の消失，さらに1950/1960年代の高度経済成長による公害問題を通じて，大気汚染の植物への影響が認知された．同時に，これらの植物を逆に利用し，大気環境を評価する手法として，指標植物が検討されてきた（久野・大橋, 1993）．大気環境評価への植物の活用方法としては，大気汚染物質への感受性が高い指標植物を用いる方法だけでなく，調査対象地点にもともと生育している植物やその部位を利用する方法，植物が生育するチャンバー内の空気を浄化して外気の場合と比較する方法など，調査対象地点や目的に応じて，さまざまな方法が考えられる（表5.1）．本節では，いくつかの具体例を示しつつ，大気環境評価への植物の利用を解説する．

5.1.2　植生遷移・分布評価法による評価

　樹皮などに着生するコケ植物や地衣類（藻類を共生させた菌類）は，大気汚染評価のために広く用いられてきた．地衣類は分類学的には植物ではないが，コケ

表5.1　大気環境評価への植物の活用方法（久野・大橋, 1993に基づき作成）

方法	概要
植生遷移・分布評価法	コケ植物や地衣類などの種類組成や生育密度の分布と大気汚染物質の濃度分布を比較し，それらの遷移と大気濃度の経年推移を比較.
現地調査法	調査対象地点にもともと生育している植物の中から目的に適した植物やその部位を利用.
配置法	目的に応じた植物を調査対象地点に配置して，植物への影響や植物に現れた被害の大小を評価.
空気浄化法	大気中の汚染物質を除去・浄化した空気を取り入れたチャンバーと，調査対象地点の外気をそのまま取り入れたチャンバーで，それぞれ育成した植物を比較.

植物と同様に，樹皮などに着生し，周辺大気につねに暴露され，降水や大気から沈着した物質から水や養分を直接得ていることから，大気環境の生物指標として有効であると考えられている．

　日本では，二酸化硫黄（SO_2）による大気汚染が深刻であった 1970 年代を中心に，コケ植物や地衣類の分布状況を用いた大気環境評価が盛んに行われ，宮城県仙台市，東京都，兵庫県，山口県宇部市，福岡県大牟田市・北九州市，静岡県富士市・静岡市，三重県四日市市など，多くの工業地帯・大都市圏での報告例がある（Sase, 2017）．これらの評価では，対象地域内の存在種数や量を大気汚染濃度と直接比較するだけでなく，植物社会学的特性を取り入れた指標として，存在種数に加えて種ごとの優占度や頻度などをも考慮して算出した大気清浄度指数（index of atmospheric purity: IAP）やそれを発展させた大気環境評価指数（evaluation index of air quality: EAIQ）などが提案された．当時はまだ SO_2 濃度が高かったこともあり，それとの比較で議論したものが多く，実際，SO_2 濃度が高い地域ではコケ植物や地衣類の存在種数や量が少なくなることや上記の指数との関連性が指摘された．そのため，IAP や EAIQ を用いて対象地域をいくつかの区域（ゾーン）に分けて大気汚染の影響の程度を評価することも行われた．もっとも深刻な SO_2 の影響が出ている区域として，東京都や兵庫県の都市部では着生砂漠（epiphyte desert）とよばれる着生植物・生物がまったく存在しない空白域もあることが指摘されている（地衣類の場合は，とくに地衣砂漠（lichen desert）とよばれる）．このように，コケ植物や地衣類の分布状況は大気環境を反映している可能性が高く，これらの分布状況を調べることによってその時点での大気環境を評価することが可能である．

　一方，地衣類の分布が長い時間をかけて大気環境とともに遷移していくことも指摘されている．たとえば，ウメノキゴケ（*Parmotrema tinctorum*）は SO_2 の指標となる地衣類としてよく知られている．静岡市清水区における 1970 年代から2000 年代初頭までの経年比較では，1972 年以降の SO_2 濃度の低下にともなって1978 年までの 6 年以内にウメノキゴケの分布が回復した一方で，高速道路と国道1 号線が交差する地域付近では 1978 年以降にウメノキゴケが消滅しはじめ，国道1 号線に沿って空白域が拡大したことが報告されている（大村ほか，2008）．ウメノキゴケの分布変化には，SO_2 などの大気汚染物質の影響だけでなく，交通量増加や都市開発にともなう乾燥化や高温化などのさまざまな要因が影響した可能性

が指摘されている.

　日本と同様に SO_2 濃度が十分に下がった欧米では，現在も大きな問題となっている窒素酸化物（NO_x）やアンモニア（NII_3）などの反応性窒素（reactive N: Nr）の沈着による地衣類の分布や多様性への影響が懸念されており，地衣類分布に関する窒素沈着量の臨界負荷量（critical loads: 生態系に影響を及ぼさない最大負荷量）が議論されている．欧州経済委員会（UNECE）の長距離越境大気汚染条約（Convention on Long-Range Transboundary Air Pollution, Air Convention）の森林モニタリング・ネットワークである ICP Forests（International Co-operative Programme on Assessment and Monitoring of Air Pollution Effects on Forests）や関連研究グループでは，地衣類のモニタリング結果をもとに，地衣類への影響に関して欧州に適用すべき窒素沈着の臨界負荷量を提言している．ここで提唱された大型地衣類の存在比率に関する臨界負荷量は $2.4\,\mathrm{kg\ N\ ha^{-1}}$ であり，$10\,\mathrm{kg\ N\ ha^{-1}}$ 以上の報告が珍しくない日本の窒素沈着レベルよりかなり低い．欧州とは植物相が異なるため単純比較はできないが，日本の窒素沈着レベルはすでに同様の感受性を有する地衣類の生育には適していない可能性はある．あるいは，今後，窒素沈着量が著しく低下するようなことがあれば，上述したウメノキゴケのように分布が復活するような地衣類もあるかもしれず，地衣類の分布の変化には着目する必要があろう.

　地衣類やコケ植物は大気環境の変化に高い感受性を有することから，これらの分布や遷移に着目した大気環境の評価やそれに向けたモニタリングや研究が推進されることが望まれる.

5.1.3　現地調査法による評価

a.　コケ植物および地衣類の活用

　上述したように，コケ植物や地衣類は，樹皮などに着生し，周辺大気につねに暴露され，降水や大気から体表面に沈着した物質から水や養分を直接得ている．そのため，沈着した大気汚染物質をその体内に蓄積している可能性もあり，それを化学分析することによって直接的に大気汚染の程度を評価できる可能性がある（Sase *et al.*, 2017）．いわば，自然のパッシブサンプラー（自動測定機のように能動的に吸気し大気汚染物質を測定するのではなく，その場所に置くことによって受動的に汚染物質を捕集する装置のこと）と考えることができる．この性質を利

用した試みは，日本では1980年代からあり，兵庫県や岡山県では地衣体やコケ植物体中の水銀（Hg）が分析され，その濃度が大気汚染のよい指標となり，上述した植物社会学的な指標であるIAPとも強い相関が認められたことが報告されている.

　一方，このような試みでは，地衣類やコケ植物が大気汚染濃度が異なる広い地域に分布していることが求められるが，地衣類は大気汚染物質に対する感受性が非常に高いため，地衣砂漠のような空白地域を生じやすい. その点では，コケ植物のほうが汚染の進んだ地域にも広く分布している可能性がある. このため，コケ植物は，世界的にも，重金属汚染の分布の評価に広く活用されており，水銀以外にカドミウム（Cd），クロム（Cr），銅（Cu），鉛（Pb），亜鉛（Zn）などの分析・評価が行われている. また，これらのコケ植物の機能を活用して，実験室で洗浄し，一定量を秤量後，プラスティックのネット内で育成したモスバッグ（moss bag）を各地に配置し，まさしくパッシブサンプラーとして大気からの重金属汚染を評価する方法も欧米や中国で実用例がある.

　もちろん，大気からコケ植物体や地衣体に沈着する汚染物質は重金属だけではないため，時代の変遷とともに異なる汚染物質の評価に用いられるようになってきている. 化石燃料の燃焼によって生ずる代表的な酸性物質を構成する硫黄（S）や窒素（N）の評価においては，濃度だけでなく，同位体比分析（$\delta^{34}S$, $\delta^{15}N$など）を用いて，それらの発生源までも評価する試みがコケ植物に適用されている. また，炭素の同位体比（$\delta^{13}C$）も窒素沈着の評価に有用との報告があり，今後，これらの同位体比分析手法も広くコケ植物に用いられることが期待される.

　さらに，多環芳香族炭化水素（polycyclic aromatic hydrocarbons: PAHs）の評価にも用いられるようになり，たとえばOishi（2018）は中部日本の高山と都市域でコケ植物体とマツの針葉中のPAHsの分析を行っている. いずれの場合も全体量としては都市域で多くのPAHsを蓄積しているが，マツ葉は低い分子量のPAHsを蓄積しているのに対し，コケ植物体は高い分子量のPAHsを蓄積しているなど，蓄積傾向が異なることを指摘している. さらに，高山のコケ植物体中のPAHsの異性体比は，大陸からの越境大気汚染の影響を強く受ける日本海側の都市で得られたコケ植物中のそれと近く，高山のコケ植物の越境大気汚染由来のPAHsの指標植物としての有用性を示唆している. コケ植物は，昆虫や小動物の食料となり，蓄積されたPAHsが食物連鎖において陸域生態系に大きな影響を与

える可能性がある．そのため，高山のコケ植物体のPAHsの指標としての活用は，高山生態系の保全を考える上で汚染実態がわかるため，有用であることが指摘されている．

　上述したように，とくにコケ植物体中の汚染物質の分析によって対象地域における大気環境へのそれぞれの物質の影響を評価できる可能性があり，今後さらに広く活用されることが望まれる．

b.　樹木葉の活用

　樹冠を形成する樹木葉は，大気と土壌・植物系における主要な境界面として重要であると考えられる．樹木葉は，コケ植物や地衣類のような着生生物と同様に，つねに外気に暴露されている．しかしながら，高等植物の場合は，維管束が発達しており，その生育に必要な栄養元素は主に根から吸収しているため，樹木葉全体を分析しても，大気環境との関連性は必ずしも明確でない．一方，葉面に発達したクチクラ層を覆うもっとも表層にあるエピクチクラ（クチクラ表層）ワックスやそこに沈着・蓄積している物質は大気環境の変化をより直接的に反映している可能性が高い．そのため，樹木葉のワックス特性や葉面付着物質は，大気環境の指標として活用できると考えられる（Sase, 2017）．

　エピクチクラワックスは，葉面からの水分損失や外部からの病原菌の侵入などへの有効な防御壁であることから，外部から環境ストレスへの応答，おそらく防御機能としてその量を増加させるようである．たとえば，スギ葉では，火山性の含硫ガスや石炭燃焼による大気汚染物質に多く暴露されていた地域ではエピクチクラワックスの量が多く，一方でその炭素と酸素の比（C/O比）は低いことが知られている．エピクチクラワックスは，炭化水素，アルコール，ケトンなどからなる混合物であるが，量が増加する際，C/O比が低下することから，酸素原子を含むアルコールやケトンなどの官能基を有する成分が多く生産されていることが推察される．一方，屋久島の高地で得られたスギ葉は低標高のそれよりもエピクチクラワックスの量が多いが，そのC/O比は高く，紫外線吸収能も高い．紫外線暴露でもエピクチクラワックスは増加することが知られていることから，高地の強い紫外線への応答と考えられている．このように，大気汚染物質に暴露された場合と紫外線に暴露された場合では，どちらの場合でもエピクチクラワックスは増加するものの，その生成成分は異なる．いずれにしても，大気汚染物質の濃度が大きく異なる場合，エピクチクラワックスの量や成分に変化が生じ，その暴露

影響を評価できる可能性がある.

　葉面に沈着したガス状や粒子状の大気汚染物質の一部は，エピクチクラワックス表面あるいは内部に蓄積している可能性がある．これらの化学分析による大気環境の評価も試みられている．とくにエピクチクラワックスの表面に強固に付着した粒子状物質は，風雨では簡単には除去されずに蓄積する傾向がある．これらの葉面付着物質のうち有機溶媒に溶解しない成分は，エピクチクラワックスをクロロホルムで溶解すると浮遊してくるため，フィルター上に捕集することが可能である．こうしてスギ葉から得られた葉面付着物質中の重金属の濃度は，都市域や工場などの発生源近くで有意に高く，とくにガソリンやブレーキパッドなどに含まれるアンチモン（Sb）は，人口密度や大気中のNO_x濃度との相関が明確であり，指標としての有用性が指摘されている．また，重金属以外には，黒色炭素（ブラックカーボン）成分を分析した事例もある．ブラックカーボンは化石燃料やバイオマスなどの不完全燃焼によって生じるため，これらの燃焼由来の大気汚染の影響評価に役立つことが期待される．PAHsのような有機汚染物質は気孔やクチクラ層への拡散のような形で樹木葉内に取り込まれるようであるが，上述したようにコケ植物とともにマツ葉をPAHsの評価に用いた事例もある（Oishi, 2018）.

　樹木葉のエピクチクラワックスや葉面付着物質は，周辺大気と強い関連性があるため，とくにスギのように各地に分布する共通樹種を用いることにより，広域的に大気環境の評価に活用できる可能性があろう.

5.1.4　配置法による評価

　日本では，大気汚染物質に対する栽培植物や樹木の応答（とくに可視障害）に関する研究が進み，それぞれの汚染物質に感受性が高い指標として活用可能な植物が特定された．1970年の大気汚染防止法改正以降，SO_2濃度が十分に低下した日本においては，植物への直接暴露による影響がもっとも懸念される大気汚染物質はオゾン（O_3，光化学オキシダントの主成分）であろう．久野・大橋（1993）は，大気汚染学会誌で連載された入門講座『大気汚染の指標植物』において，上記で紹介した指標植物の概念や事例を解説するとともに，光化学オキシダントによる栽培植物などの葉の可視障害とそれを用いた大気環境評価を詳述している．これによると，光化学オキシダント濃度の日最高値が80～100 ppb 程度で葉の可

視障害が確認できる感受性が高い植物には，アサガオ，ペチュニア（白花系），タ
バコ，ホウレンソウ，ハコベ，インゲンマメ，イネなどが分類されている．この
うち，ペチュニアやハコベは，光化学オキシダント中に微量に存在する酸化力が
強い有機化合物であるペルオキシアセチルナイトレート（peroxyacetyl nitrate:
PAN）に対する感受性が高い植物と考えられている．インゲンマメはオゾンと
PAN の両方に感受性が高いようであるが，それ以外のアサガオなどは光化学オキ
シダントの主成分であるオゾンに対する感受性が高い指標植物として考えられて
いる．とくにアサガオは，つる性のスカーレットオハラやヘブンリーブルーのよ
うな品種で感受性が高いことが知られており，オゾンに暴露されると葉の表面に
白色斑点を生じる．この性質を利用して，各地にアサガオを配置した全国的な調
査が 1970 年代に実施され，多くの都府県で葉に可視障害が確認された．アサガオ
の葉の可視障害はオキシダント濃度が 70 ppb 以上で生じることから，アサガオに
被害が発現することは大気中の光化学オキシダント濃度が環境基準値（1 時間値
60 ppb）を超えていたことの証拠になると考えられている．現在でも光化学オキ
シダント濃度は継続して高いレベルにあることから，アサガオを用いた配置法に
よるオゾンの影響評価は各地で行われている．

5.1.5 空気浄化法による評価

空気浄化法の 1 つとして，オープントップチャンバー（OTC）を用いた大気環
境評価法がある．OTC とは，天蓋部のない透明チャンバーである．野外に 2 つの
OTC を設置し，一方には野外の空気をそのまま導入し（非浄化空気区），他方に
は活性炭フィルターなどによって大気汚染物質を除去した空気を導入し（浄化空
気区），これらの OTC 内で育成した植物の成長量
や葉面に発現する可視障害の程度などを比較し，
その場所における大気汚染物質が植物に与える影
響などを評価する．小型 OTC（図 5.1）を用いて
オゾンに注目した大気汚染状況をハツカダイコン
（品種：コメット）で調べた研究によると（Izuta
et al., 1993），比較的気温が高い夏季においては，
非浄化空気区の OTC 内で育成したハツカダイコ
ンの子葉面積と個体乾重量の浄化空気区の値に対

図 5.1 小型オープントップチャン
バー（OTC）

する相対値（非浄化空気区の値／浄化空気区の値）は，大気環境の評価期間中の日平均8時間（8：00〜16：00）オゾンドース（ドース＝濃度×時間）と負の直線関係が認められた．したがって，ハッカダイコンの子葉面積と個体乾重量は，小型OTCを用いたオゾンに注目した大気環境評価法における優れた植物指標であり，この小型OTC法によってオゾンの植物影響の評価やオゾン濃度の推定などが可能である．　　　　　　　　　　　　　　　　　　　　　　　[佐瀬裕之・伊豆田　猛]

■文献
大村嘉人ほか（2008）大気環境学会誌，**43**，47-54.
久野春子・大橋　毅（1993）大気汚染学会誌，**28**，A45-A52.
Izuta, T. *et al.* (1993) *Environmental Sciences*, **2**, 25-37.
Oishi, Y. (2018) *Environmental Pollution*, **234**, 330-338.
Sase, H. (2017) *Air Pollution Impacts on Plants in East Asia* (Izuta, T. ed.), pp. 111-121, Springer.

5.2　リモートセンシングによる大気環境の植物影響評価

5.2.1　はじめに

リモートセンシングとは，植物や建造物といった調査対象物を遠隔で観測する手法の総称である．一般に，植生を対象にしたリモートセンシングでは，人工衛星や航空機から撮影された分光画像の解析とマイクロ波やレーザー観測による群

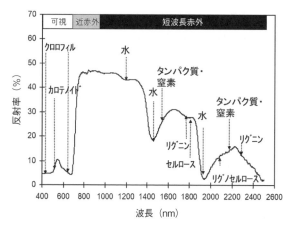

図5.2　個葉の分光反射率と影響する葉の形質情報（中路ほか，2014）

葉内色素の吸収波長は可視光領域（450〜700 nm）にあり，680 nmからプラトー領域にかけての反射率が増大する領域（レッドエッジ）は色素量や季節性などの指標として注目される．色素や化学成分による吸収がないプラトー領域が近赤外領域（700〜1000 nm）に存在し，葉の組織発達や葉の重なりといった構造的情報を反映する．1〜2.5 μmの短波長赤外領域には顕著な水の吸収帯をはじめ，リグニン，セルロースや糖といった炭水化物の吸収帯，タンパク質や窒素の吸収帯が存在する．

表5.2 植生群落や個葉を対象に利用される分光植生指標

R, Dはそれぞれ分光反射率,一次微分反射率を示し,その後ろの英字および数値は使用される波長帯,波長を示す(N, R, G, Bは任意の近赤外波長,赤色,緑色,青色領域の波長を指す).波長は使用するセンサーによっても変動する.詳細は原著論文を参照されたい(中路,2008;Jones and Vaughan,2010をもとに作成).

評価対象	指標[*]	一般的な計算式	特徴
群落の緑被度(LAIやクロロフィル,FAPARとも幅広く相関)			
	DVI	$R_{NIR} - R_{VIS}$	800 nmと680 nmを組み合わせたSR$_{680}$や750 nmと705 nmを使ったSR$_{705}$はクロロフィル濃度の評価にも利用.高輝度や陰影の強い場合などに値の振れ幅が大きい(Jordan,1969[1]ほか多数).
	SR	R_{NIR}/R_{VIS}, R_{RED}/R_{BLUE}	800 nmと680 nmを組み合わせたSR$_{680}$や750 nmと705 nmを使ったSR$_{705}$は個葉のクロロフィル評価に有効.高輝度や陰影の強い場合などに値の振れ幅が大きい(Jordan,1969[1]ほか多数).
	NDVI	$(R_{NIR} - R_{RED})/(R_{NIR} + R_{RED})$	差分を正規化した指標の総称で,赤色域と近赤外が広く用いられる.赤色のかわりに緑色域を使ったGreen NDVIはクロロフィル感度幅がより広い.一般にLAIが2を超えると感度が低下(Tucker,1979[2];Gamon et al.,1995[3]).
	GEMI	$\eta(1-0.25\,\eta)-(R_{VIS}-0.125)/$ $(1-R_{VIS})$, $\eta = (2\,(R_{NIR}^2 - R_{VIS}^2) - 1.5\,R_{NIR}$ $+0.5\,R_{VIS})/(R_{NIR}+R_{VIS}+0.5)$	NDVIに対する土壌表面の高輝度反射の影響を抑え,大気成分の影響を軽減させるために開発された指標(Verstraete and Pinty,1996[4]).
	SAVI	$((R_{NIR}-R_{RED})/(R_{NIR}+R_{RED}+L))\,(1+L)$	土壌表面の高輝度反射の影響を補正した指標.係数Lは0〜1の値をとる.土壌や植生タイプが異なるときの安定性に課題がある.ほかにもMSAVI2,TSAVI,TVI,OPVIなど多くの補正指標がある(Huete,1988[5];Gao et al.,2000[6]).
	EVI	$((R_{NIR}-R_{RED})/(R_{NIR}+C_1\,R_{RED}$ $-C_2\,R_{BLUE}+L))\,G$	青の反射情報でエアロゾルに影響を軽減し,非線形補正係数(L)により植生情報に対して飽和しにくい利点をもつ.C$_1$,C$_2$はエアロゾル抵抗係数,Gは出力係数.一般にL = 1,C$_1$ = 6,C$_2$ = 7.5,G=2.5で計算される(Liu and Huete,1995[7];Huete et al.,2002[8]).
	PVI	$(R_{NIR} - aR_{VIS} + b)/(a^2+1)^{0.5}$	可視と近赤外を2軸にとった散布図における土壌反射率の分布を直線で定義し,解析対象の分光情報がその直線からどれだけ離れているかユークリッド距離を算出し指標化したもの.a,bは土壌の基準線を定義する変数(Richardson and Wiegand,1977[9]).
キサントフィルサイクル応答,熱放散,カロテノイド/クロロフィル比			
	PRI	$(R_{531} - R_{570})/(R_{531} + R_{570})$	光強度に応じたキサントフィルサイクルの色素組成の短時間変化を検出する指標として提案.光合成における光利用効率の日内変化と相関がある.長期変動はカロテノイド,クロロフィルのバランスも反映する(Gamon et al.,1997[10]).
カロテノイド/クロロフィル比			
	SIPI	$(R_{800} - R_{445})/(R_{800} + R_{680})$	カロテノイドとクロロフィルの吸収波長の違いをもとに提案.葉表面組織や葉肉細胞の影響が軽減されている(Penuelas et al.,1995[11]).
	PSRI	$(R_{680} - R_{500})/R_{750}$	カロテノイドとクロロフィルの吸収波長の違いに基づく.両色素の比率が葉の老化や果実の熟成に関連することからこの指標名になった(Merzlyak et al.,1999[12]).

表 5.2　（続き）

クロロフィル濃度

CI	$(R_{750}-R_{705})/(R_{750}+R_{705})$	750 nm と 705 nm を使った NDVI（Gitelson and Merzlyak, 1994[13]）.
mSR$_{705}$	$(R_{750}-R_{445})/(R_{705}-R_{445})$	750 nm と 705 nm を使った SR に, 445 nm をベースにした補正を施した指標（Sims and Gamon, 2002[14]）.
mND$_{705}$	$(R_{750}-R_{705})/(R_{750}+R_{705}-2'R_{445})$	CI に, 445 nm をベースにした補正を施した指標（Sims and Gamon, 2002[14]）.
CCI	D_{720}/D_{700}	クロロフィル濃度と関連が強いレッドエッジ周辺の 720 nm と 700 nm の微分反射率の傾きを指標化. 微分を計算するために連続分光反射率の計測が必要. 725 nm, 702 nm を組み合わせた指標では, 天然ガスによる植物ストレス応答の早期検出に有効（Smith *et al.*, 2004[15]；Sims *et al.*, 2006[16]）.

水分

WI	R_{970}/R_{900}	近赤外における水の吸収帯の深さを指標化したもの. ある程度の乾燥ストレスがかかった植物葉において効果が認められる（Penuelas *et al.*, 1997[17]）.
NDWI	$(R_{NIR}-R_{SWIR})/(R_{NIR}+R_{SWIR})$	短波長赤外における水吸収帯（1240 nm あるいは 1640 nm）の深さを近赤外のプラトー領域で評価した指標. 水分だけでなく, 植生の春先のフェノロジー評価に有効とも報告がある. NDWI と NDVI を 2 軸にした解析から森林火災ポテンシャルを評価する事例もある（Gao, 1996[18]；Maki *et al.*, 2004[19]；Delbart *et al.*, 2005[20]）.

セルロース

CAI	$0.5'(R_{2000}+R_{2200})-R_{2100}$	セルロースの吸収帯（2100 nm 近辺）における反射率のひずみを両側の反射率を基準に指標化したもの. 植物残さの検出などで有効性が示されている（Nagler *et al.*, 2003[21]）.

リグニン

NDNI	$[\log(1/R_{1510})\log(1/R_{1680})]/[\log(1/R_{1510})+\log(1/R_{1680})]$	リグニンの吸収波長のうち 1510 nm を利用して 1680 nm を基準に計算した指標（Serrano *et al.*, 2002[22]）.

窒素

NDLI	$[\log(1/R_{1754})\log(1/R_{1680})]/[\log(1/R_{1754})+\log(1/R_{1680})]$	窒素吸収波長の中で比較的感度の高い 1754 nm を使用した指標（Serrano *et al.*, 2002[22]）.

＊略称　DVI: Difference Vegetation Index, SR: Simple Ratio (RVI: Ratio Vegetation Index と同義), NDVI: Normalized Difference Vegetation Index, GEMI: Global Environment Monitoring Index, SAVI: Soil Adjusted Vegetation Index, EVI: Enhanced Vegetation Index, PVI: Perpendicular Vegetation Index, PRI: Photochemical Reflectance Index, SIPI: Structure Insensitive Pigment Index, PSRI: Plant Senescing Reflectance Index, CI: Chlorophyll Index, mSR: Modified Simple Ratio, mND: Modified Normalized Diffrence, CCI: Canopy Chlorophyll Index, WI: Water Index, NDWI: Normalized Difference Water Index, CAI: Cellulose Absorption Index, NDNI: Normalized Difference Nitrogen Index, NDLI: Normalized Difference Lignin Index.

■文献　1) Jordan, C. F. (1969) *Ecology*, **50**, 663-666. 2) Tucker, C. J. (1979) *Remote Sensing of Environment*, **8**, 127-150. 3) Gamon, J. *et al.* (1995) *Ecological Applications*, **5**, 28-41. 4) Verstraete, M. M. and Pinty, B. (1996) *IEEE Trans. Geo. Remote Sensing*, **34**, 1254-1264. 5) Huete, A. R. (1988) *Remote Sensing of Environ.*, **25**, 295-309. 6) Gao, X. *et al.* (2000) *Remote Sensing of Environ.*, **74**, 609-620. 7) Liu, H. Q. and Huete, A. (1995) *IEEE Transactions on Geoscience and Remote*

Sensing, **33**, 457-465. 8) Huete, A.（2002）*Remote Sensing of Environ.*, **83**, 195-213. 9) Richardson, A. J. and Wiegand, C. L.（1977）*Photogram. Eng. Remote Sensing*, **43**, 1541-1552. 10) Gamon, J. *et al.* （1997）*Oecologia*, **112**, 492-501. 11) Penuelas, J. *et al.*（1995）*Photosynthetica*, **31**, 221-230. 12) Merzlyak, M. N. *et al.*（1999）*Physiol. Plant.*, **106**, 135-141. 13) Gitelson, A. and Merzlyak, M. N.（1994）*Journal of Photochemistry and Photobiology B Biology*, **22**, 247-252. 14) Sims, D. A. and Gamon, J.（2002）*Remote Sensing of Environ.*, **81**, 337-354. 15) Smith, K. L. *et al.*（2004）*Remote Sensing of Environ.*, **92**, 207-217. 16) Sims, D. A. *et al.*（2006）*Remote Sensing of Environ.*, **103**, 289-303. 17) Penuelas, J. *et al.*（1997）*International Journal of Remote Sensing*, **18**, 2869-2875. 18) Gao, B.（1996）*Remote Sensing of Environ.*, **58**, 257-266. 19) Maki, A. *et al.*（2004）*Biochemical and Biophysical Research Communications*, **320**, 262-267. 20) Delbart, N. *et al.*（2005）*Remote Sensing Environ.*, **97**, 26-38. 21) Nagler, P. L. *et al.*（2003）*Remote Sensing Environ.*, **87**, 310-325. 22) Serrano, L. *et al.*（2002）*Remote Sensing Environ.*, **81**, 355-364.

落構造の解析などが行われてきた．一方，最近はドローン，デジタルカメラ，小型分光器を使い，対象物により近接した計測を行う，いわゆる近距離リモートセンシングも身近になっている．とくに分光放射計や分光カメラで得られる葉の分光反射率情報（図5.2）には，葉内の色素や水分，二次代謝物質の情報が反映されているため，そこから演算される植生指数や分光反射率の多変量解析や機械学習などによって，葉の形質を非破壊で予測する研究が多く進められてきた．多々ある手法のうち，植物葉の評価を行うためにもっともよく利用されてきたのは植生指数である（表5.2）．植生指数は，色素や水分のような測定対象の変化を反映する応答波長とその変動量を相対評価するための基準波長を計測し，その差分や比率といった演算によって得られる指数である．小型分光センサから人工衛星に至るまで多くの測器のデータを用いて計算できるため，さまざまなスケールで利用されている．もっとも古くから利用されている NDVI（normalized difference vegetation index）は，葉面積指数（単位面積あたりの緑葉量）や季節性の全球観測に利用されている．また，近年は，可視～近赤外領域における連続する多波長の分光反射率（ハイパースペクトル，連続分光反射率ともよばれる）を解析することで，生理的かつ動的なクロロフィル蛍光の検出（Carter *et al.*, 1990）や吸収スペクトルの検出が困難な葉形質（比葉面積，炭素含量，フェノールなど）の予測も試みられている（Asner *et al.*, 2011；Nakaji *et al.*, 2019）．

　植生のリモートセンシングで扱われる評価項目は，植物生理生態学の分野において植物の環境応答を評価する際の項目とほぼ共通している．これまで実験的に個葉や個体スケールで行ってきた破壊的な計測を，野外で非破壊かつ広域評価するための手法として開発されてきたと位置づければ想像しやすいだろう．利点と

しては，非破壊計測の利点を生かすことで，連続的な長期モニタリングや既知の大気ストレスの事前事後の植物の状態比較ができることである．

5.2.2 リモートセンシングによる大気環境ストレスの植物影響の評価

　本項では，大気環境ストレスの植物影響におけるリモートセンシングの可能性を扱う．しかし，実際のところ，野外における植物反応の阻害に対してその"原因ストレスを特定する"リモートセンシング手法はほとんど研究されていない．リモートセンシングによる直接的なストレス特定を想定する際に，観測対象の植物側とリモートセンシングの両方に課題が考えられる．図5.3に，主なストレス要因とそれらの植物応答が検出可能なリモートセンシング手法を示した．まず，乾燥や大気汚染などの多くの環境ストレスが植物の葉に作用する場合，気孔閉鎖，色素分解，光合成低下といった共通の項目に影響することが多く，さらに単独だけでなく複合的にも作用する．たとえば，光化学オキシダントや酸性降下物は時として葉の可視障害や老化促進を引き起こすことがある．これに対応するリモートセンシングの検出可能項目はクロロフィルの減少である．しかし，葉のクロロフィル濃度の低下は乾燥，凍害，養分欠乏，病気などでも起こりうるため，その指標1つをリモートセンシングで検出できても原因の特定には不十分である．一方，リモートセンシングにも課題がある．たとえば，クロロフィルの評価はクロ

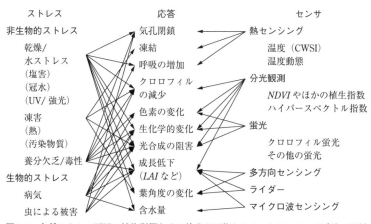

図5.3 各種ストレス要因の植物影響とその検出が可能なリモートセンシング手法の関係
(Jones and Vaughan, 2010（久米・大政監訳，2013））

ロフィルの吸光特性を反映した植生指標であるNDVIやクロロフィル指数などで
評価するが，仮に上空から観測した分光反射画像で指標値が低下していた場合，
それが葉面全体の色素減少によるものなのか，可視障害による部分的な減少をし
た結果か，あるいは緑葉量自体の減少によるものかを明確に分けることは容易で
はない．このように，植物側における原因ストレスの特定とリモートセンシング
側における検出能力の双方に課題が残されている．

　幸い，この課題を解く方向性も論じられつつある．その1つは，複数センサに
よる診断技術である（Jones and Vaughan, 2010）．たとえば，窒素酸化物
（NO$_x$），二酸化硫黄（SO$_2$），オゾン（O$_3$）などのガス状大気汚染物質は，気孔閉
鎖による葉温上昇（Omasa *et al.*, 1981），PSII活性の低下によるFv/Fm値（光
化学系の最大収率）の減少，緑色および赤色域の反射率増大を引き起こすことが
知られている．乾燥ストレスの場合は，これらに加えて葉がしなだれることによ
る葉面射角度分布の変動が起きることがある．このため，仮に，熱画像による葉
温解析，連続分光反射率画像によるクロロフィル蛍光，反射率変動の解析を行い，
これらに加えて多方向撮影による反射率の角度依存性を評価できれば，ガス状大
気汚染物質と乾燥ストレスを判別し，原因ストレスの候補を絞れる可能性がある．
大気ストレスの植物影響を把握するための複数センサの活用はまだ発展途上であ
り，基礎から野外検証までの統合的な研究が必要である．

　現在，生態系研究におけるリモートセンシングでは，葉形質の検出が注目され
ている．たとえば，アマゾン熱帯林における葉の化学形質含有量のばらつきの約
7割は分類群による違いで説明される．また，上空からの連続分光反射率計測に
基づいた葉形質の推定は，種の判別において重要な情報になることが示されてい
る（Asner and Martin, 2011）．光合成反応に起因する太陽光励起クロロフィル蛍
光も分光反射情報から分離検出できるようになり，植生の総一次生産量（gross
primary production: GPP）との対応に焦点が当てられた研究が進んでいる
（Frankenberg *et al.*, 2011）．しかしながら，現在の生態系研究分野におけるリ
モートセンシングでは，大気環境ストレスの影響はほとんど考慮されていない．今
後は，確立されつつある葉形質推定やクロロフィル蛍光，従来の植生指数などを
複合的に利用し，たとえば従来の暴露実験と連携した観測・解析手法の開発研究
の推進や，地上観測ネットワークやリモートセンシングで得られる大気化学モニ
タリングデータとの比較研究といった複合的な研究連携を進めることができれば，

リモートセンシングが大気環境ストレスの植物影響の広域評価に基づく大気汚染への対策に貢献できるかもしれない.

5.2.3 リモートセンシングによる大気汚染物質の植物影響の評価

　最後に,非常に事例は少ないものの,大気汚染物質の植物影響を扱った分光分析(近赤外分光法)とリモートセンシング研究の事例を紹介する. Gäb *et al.*(2006)は,チャンバーで行ったオゾン暴露によるヨーロッパブナの個葉の α-トコフェロール濃度の上昇に着目し,乾燥葉粉末の近赤外領域の連続分光反射による検出を試みた. その結果,分光情報を説明変数とした PLSR(部分最小二乗回帰:partial least squares regression)モデルによって α-トコフェロール濃度は非常に高い精度で推測することができ,連続分光反射データからオゾンドースを予測できることを示した($R^2 = 0.94$, RMSE(二乗平均平方根誤差:root mean square error)4.6 ppb). Smith *et al.*(2004)は,天然ガス汚染によって酸素欠乏が発生する地域において,コムギとソラマメの葉のレッドエッジ周辺の微分スペクトル比(表 5.2 の CCI)が可視障害が発生する前に低下することを報告している. 一般的な大気汚染とは異なるが,リモートセンシング技術による早期検出に注目した少ない研究例の 1 つである. 一方,Kefauver *et al.*(2013)は,北アメリカのポンデローサマツとジェフリーマツ林,スペインのモンタナマツの個体から群落スケールを対象に,地上観測によるオゾン障害指標(葉のクロロシス,葉量,針葉長,枯死樹冠サイズ)と航空機によるハイパースペクトル(多バンドの連続分光)反射観測データを比較した. リモートセンシングによる樹種分類(精度80%)によって対象樹種を抽出し,各種植生指数と障害指標の関係をみたところ,葉内の色素バランスや光化学系反応と関係する指標である PRI(photochemical reflectance index)がクロロシス被害度と,リグニン量を反映する NDLI(normalized difference lignin index)が葉量と有意な関係にあった. さらに,これらの植生指数に加えて過去 3 年間のオゾン濃度と地形データを組み合わせた複合モデルを作成することで,オゾンによる葉の可視障害の予測精度が向上した($R^2 = 0.77$,被害度 0〜100 に対する RMSE = 5.4). 経験的な回帰法による予測とはいえ,オゾン濃度と組み合わせた手法でもあり,ほかの植生タイプにおいても応用性が期待される事例である. いずれの事例もまだケーススタディの域を出ないため,今後は再現性を視野に入れた多様な地域における応用研究の

発展が望まれる.　　　　　　　　　　　　　　　　　　　　　　　　[中路達郎]

■文献
中路達郎（2008）低温科学, **67**, 497-506.
中路達郎ほか（2014）日本生態学会誌, **64**, 215-221.
Asner, G. P. and Martin, R. E.（2011）*New Phytologist*, **189**, 999-1012.
Asner, G. P. *et al.*（2011）*Remote Sensing of Environment*, **115**, 3587-3598.
Carter, G. A. *et al.*（1990）*Plant, Cell and Environment*, **13**, 79-83.
Frankenberg, C. *et al.*（2011）*Geophysical Research Letters*, **38**.
　　doi.org/10.1029/2011GL048738
Gäb, M. *et al.*（2006）*Journal of Forest Research*, **11**, 69-75.
Jones, H. G. and Vaughan, R. A.（2010）*Remote Sensing of Vegetation: Principles, Techniques and Applications*, Oxford University Press.（久米　篤・大政謙次（監訳）（2013）植生のリモートセンシング, 森北出版.）
Kefauver, S. C.（2013）*Remote Sensing of Environment*, **139**, 138-148.
Nakaji, T. *et al.*（2019）*Remote Sensing of Environment*, **233**, 111381.
Omasa, K. *et al.*（1981）*Environ. Control in Biol.*, **19**, 59-67.
Smith, K. L. *et al.*（2004）*Remote Sensing of Environment*, **92**, 207-217.

5.3　モデルを用いた大気環境の農作物影響評価

5.3.1　は じ め に

　モデルとは，植物の生理プロセスや大気環境に対する応答を数式を用いて表したものである．一般に，植物生理プロセスや環境応答は複雑かつ多様な分子レベルの反応などに基づいている．モデルにおいて重要な点は，この詳細な反応をすべてそのまま数式化するわけではないという点である．モデルはそれぞれの目的において重要なものだけを取捨選択・単純化し，数式化したものである．その意味で，モデル・モデリング作業は地図・地図化作業とよく似ている（図5.4）．道路を詳しく示したもの，鉄道・駅を詳しく示したもの，土地利用を詳しく示したものなど，世の中には実に多様な地図が存在している．これらの地図は，現実の

図5.4　モデル・モデリングの本質
（地図・地図化との類似性）

複雑で多様な地表面から利用者の目的に応じた情報だけを取捨選択し，単純化して表したものである．この取捨選択・単純化はモデル・モデリングでもまったく同じであり，これがモデル・モデリングの本質といってよい．逆にいうと，取捨選択・単純化が行われていないものはモデルとはいえない．

5.3.2　植物モデル

a.　モデルの有用性

植物を対象としたモデルの有用性は大きく分けて2つある．それらは，①植物の生理プロセスや環境応答の理解を助けることと②予測・推計が可能となることである．①の有用性は5.3.1項で記述したモデル・モデリングの本質とかかわっている．これを理解するために，まず現実と同じスケールですべての情報が記載された地図を想像してみよう．このような地図があったら利用する人はいるだろうか？　いないであろう．地図は目的に応じて単純化されて示されているから，利用者が行くべき道や乗るべき鉄道線を容易に知ることができるのである．取捨選択・単純化されたモデルの有用性もここにある．目的に応じて情報を取捨選択し，単純化して示すことにより，対象とする植物生理プロセスや環境応答の理解を助けるのである．具体的にはモデル式を直接解析したり，あるいはモデルにさまざまな値を入力したり，さまざまな設定を試してみることによって理解したいプロセスがどのようにはたらき，入力と出力がどのように結びついているかを理解することができる．この際，モデルに余計なプロセスが入っていると目的となるプロセスの理解を妨げるだけである．

モデルのもう1つの重要な有用性は，これを用いて予測・推計が行える点である．ひとたびモデルを構築すると，それを用いて未知の時間・空間領域，未知の入力・設定における予測・推計を行うことが可能となる．たとえば，実験データを用いてある作物のオゾン影響推計モデルを作成した場合，これをある領域に面的に適用することによってどの場所の影響が大きいかを知ることができる．また，このモデルを将来の50年間に適用することにより，将来においてどの時期にどの場所の影響が大きくなるかを知ることができる．このような予測・推計がモデルによって可能となることは，モデルを有用なツールたらしめているゆえんである．ただし，モデルをさまざまな場所や時間に適用して予測・推計を行う場合，モデルの予測・推計精度に十分注意する必要がある．この点については本項dで説明

する.

　別の視点でのモデルの有用性として，“定量的”に解析・予測などが行える点である．これは，モデルが数式で表されているために可能となる点である．たとえば，複数のプロセスが絡み合った環境応答がある場合，容易にはそれぞれのプロセスがどこにどれだけ寄与しているかを理解することは難しいが，モデルを用いることによってこれを定量的に解析し理解することができる．たとえば，オゾン濃度と植物影響の関係を数式化したモデルを利用することによって，オゾンの植物影響を抑えるためにどのレベルに大気オゾン濃度を抑える必要があるかという政策的問題にも定量的な答えを与えることができる.

b. モデルの分類

　モデルは大きく分けて統計モデルとプロセスモデルの2つに分類することができる．統計モデルは，知りたい目的の量を目的変数とし，その目的変数の変化を説明する量を説明変数として，これらを関係づける数式で表現したモデルである．統計モデルには，説明変数が1つで目的変数を線形に回帰した線形単回帰モデル，複数の説明変数を用いて線形に回帰した線形重回帰モデル，目的変数と説明変数の関係を非線形関係で表した非線形回帰モデルなどのさまざまなタイプがある．一方，プロセスモデルは個々の反応や応答を生物・物理・化学の理論をベースに数式で表現したモデルである．たとえば，光合成速度を化学の酵素反応速度論をベースにして数式化したファーカー（Farquher）モデルなどはプロセスモデルに分類される．また，作物の成長をシミュレートする作物成長シミュレーションモデル（以下，作物モデル）は，光合成・発育・同化産物分配・土中水分移動などのそれぞれがプロセスモデルあるいは統計モデルで表現された統合型のモデルであるが，一般にプロセスモデルに分類される.

　それぞれのモデルには，当然のことながら利点と欠点がある．たとえば，統計モデルは目的変数と説明変数のデータがあれば構築できるので，比較的容易にモデルを構築することが可能である．一方，目的変数と説明変数がなぜそのような関係になるのかは知ることができない．また，モデル構築に用いたデータから大きく外れた範囲にモデルを適用するのは一般に難しい．プロセスモデルは実験データなどから理論をベースにモ

表5.3　モデルの分類と特徴

	統計モデル	プロセスモデル
開発のしやすさ	高	低
プロセスの理解	低	高
予測・外挿	中〜低	高〜中

デルを構築するため，モデル構築が容易ではない．しかしながら，プロセスのより深い理解には多いに役に立つ．また，データの範囲外でも，理論の範囲でならば予測が可能となる．それぞれのタイプのモデルの特徴を表5.3にまとめた．どちらのタイプを構築・利用するかは，目的・与えられた時間・データの得やすさなどによって判断する必要がある．

c. モデルの表現

モデルには，変数とパラメータの2種類の変量がある．モデリングあるいはモデルを扱う際には，どの量が変数で，どの量がパラメータなのかを強く認識する必要がある．一般に，対象の植物，作物，品種に依存する量はパラメータとなり，植物や作物などの違いに関係ない入出力量や状態を表す量は変数となる．この2つの違いを簡単な線形回帰モデルを使って説明する．今，気温と作物の収量の関係を線形回帰モデル $Y = aX + b$ で表したとする．ここで，X が気温，Y が作物収量である．a と b はそれぞれ気温が1℃上昇したときの収量変化量および気温が0℃のときの収量を表している．これは，作物種や品種によって依存するであろう．このような量がモデルのパラメータとなる．一方，X と Y は作物種や品種に依存しない入出力量であり，変数となる．上記のような線形単回帰モデルの場合，簡単にパラメータと変数の区別はつくが，プロセスが複雑になった場合も，上記のことに留意してモデリングおよびモデルを利用するとよい．

d. キャリブレーションとバリデーション

モデルを用いて定量的な解析や予測を行うためには，パラメータ値に関して観測値がなく不定なものがある場合，これを何らかの観測値を用いて推定する必要がある．この観測値を用いて不定パラメータ値を推計する作業は，キャリブレーションとよばれる．具体的には，モデルによる推計の目的となっている変数の推計値が観測値ともっとも誤差が小さくなるようにパラメータ値を推定する．ただし，モデルが簡単な場合であってもパラメータ値を解析的に求めることは一般に困難なので，キャリブレーションはコンピューターを用いて行うことがほとんどである．パラメータ推計手法には，総当たり法，滑降シンプレックス法，遺伝的アルゴリズム法などのさまざまな方法が提案されている．

モデルがどの程度の予測・推計精度をもっているかを確認する作業がバリデーションである．これはキャリブレーションされたモデルを用いて実際に予測・推計を行い，観測値と比較することで行われる．比較には観測値と推計値の RMSE （root mean square error：二乗平均平方根誤差）や相関係数などがよく利用される．バリデーションにおいて重要な点は，キャリブレーションで用いたデータとは独立のデータを用いることである．キャリブレーションとバリデーションで同じデータを用いると，モデルの純粋な予測・推計精度を評価したことにはならない．モデルがキャリブレーションとは別の未知の時間・空間領域などで利用されることを考慮し，キャリブレーションで利用されていない独立のデータを用いて精度を評価する必要がある．このためによく用いられるのは，入力データをキャリブレーション用とバリデーション用に分ける手法である．中でも入力データのうち，N個のデータを抜き，残りのデータでキャリブレーションを実施し，抜いたN個のデータでバリデーションを行うという作業をすべての入力データに対して繰り返すやり方はLeave-N-Out法とよばれ，よく利用される．

5.3.3 モデルによる作物に対するオゾンの影響評価

a．オゾン影響モデル

大気中のオゾンが作物生産に影響を及ぼすことはよく知られており，モデルを用いてこれを定量的に解析・評価する研究は古くから行われてきた．これらのモデルは，モデル分類に関する2つのタイプ（統計モデル，プロセスモデル）と入力変数に関する2つのタイプ（Concentration-Based型，Flux-Based型）を組み合わせた4つのタイプに大別できる．入力変数に関する2つのタイプのうち，Concentration-Based型モデルはオゾン濃度を入力変数に直接用いるタイプで，Flux-Based型モデルはオゾン濃度などから計算された作物体が吸収したオゾン量を入力変数に用いるタイプである．Flux-Based型モデルでは気孔を介したオゾン吸収量を計算するための気孔コンダクタンスモデルが必要となり，モデルが多少複雑になる．しかしながら，実質的に作物に影響を与えると考えられるオゾン吸収量を入力変数としているため，Concentration-Based型モデルより精度が高いとする報告が多く，2000年以降急速に利用が広まった．Concentration-Based型モデルもFlux-Based型モデルもそれぞれオゾン濃度あるいはオゾン吸収量を説明変数にして，収量減少率を目的変数にする統計モデルがこれまで数多く開発・提案されてきた．一方，プロセスモデルである作物モデルにオゾン影響プロセスを組み込む試みも行われている（Emberson *et al.*, 2018）．作物モデルでは，作物全体のさまざまなプロセスが考慮されているため，オゾンが収量へ与える影響のプ

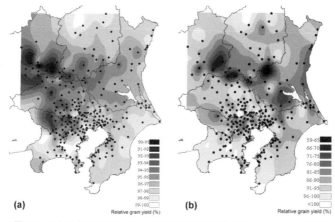

図5.5 関東地方におけるオゾンによる水稲の減収率（Yonekura *et al.*, 2005）

ロセスを詳細に解析できる．また，気温や湿度の影響といったほかの要因との複合影響も評価でき，近年盛んに研究が進められている．

b. 作物の収量に対するオゾンの影響評価

モデルを用いたオゾンによる作物への影響評価研究は，対象領域が異なるもの，対象作物や品種が異なるもの，利用するモデルタイプが異なるものなど，数多くの研究がある（UNEP, 2019）．一例として，ここでは Yonekura *et al.*（2005）の研究結果を示す．図5.5はチャンバー実験をもとにオゾンの AOT40 を説明変数とし，水稲の収量減収率を目的変数として開発した統計モデルを用いて，過去（1990年代，a）と将来（2050年，b）の水稲減収率を関東地方を対象に面的に推計したものである．これによると，将来，水稲収量がオゾンによって減少することがわかる．この研究では，観測点ごとのオゾン濃度を空間補間することによって面的評価を実現し，オゾン濃度の観測データのない将来については過去の傾向を用いている．現在では，大気化学モデルを用いて過去から将来までのオゾン濃度の空間分布データが利用可能となってきているが，モデルを用いたオゾンの植物影響の評価手法のスキームは同じである．

5.3.4 モデルによる作物に対する温暖化の影響評価

a. 温暖化影響の評価モデル

温暖化の影響評価には統計モデル，作物モデル（プロセスモデル）のほか，適

地判定モデルなどが用いられる．どのモデルでも入力（あるいは説明変数）には気温や降水量などの気象変数を用いるのが一般的である．一方，出力は，統計モデル・作物モデルの場合，通常は作物収量であるが，近年は温暖化が作物の品質に影響を及ぼすことがわかってきており，品質に関係した量（たとえば一等米比率や白未熟粒発生率）を出力する場合もある．適地判定モデルでは，地点ごとに対象作物の栽培・収穫が可能かどうかが出力される．

b. 作物への温暖化影響評価

作物に対する温暖化の影響評価もさまざまな対象領域，作物，モデルを用いて行われている（Porter *et al.*, 2014）．一方，影響評価のスキームは，ほほどの影響評価でも同じものが用いられている（図5.6）．そこでは，まず将来の温室効果ガス排出量を決める社会経済シナリオが描かれる．最新のIPCC（Intergovernmental Panel on Climate Change）の第5次評価報告書（assessment report5: AR5）ではRCP（representative concentration pathway）とよばれる4つの社会経済シナリオが描かれ，それぞれのシナリオに基づく温室効果ガス排出量が計算された．次に，これを気温や降水量を計算する物理モデルである気候モデルに入力し，将来の気温や降水量を得る．最後に，この将来の気温や降水量を影響評価モデルに入力し，将来の作物収量などを得る．全球を対象とした気候モデルの場合，現在のところ出力の空間解像度は通常100 km以上で，地域の影響を知るために粗い．このため，影響評価モデルに気象データを入力する前にダウンスケーリングとよばれる空間詳細化が行われる場合がある．また，気候モデルは世界中の大学や研究機関で開発され，それぞれの気候感度が異なるため，現在では複数の気候モデルの出力を利用することが一般的となっている．これは社会経済シナリオでも同じで，将来どのような温室効果ガス排出になるかを予測することは不可能であることから，通常は複数の社会経済シナリオを用いて影響評価が行われる．気候モデルや温室効果ガス排出量に内在するこのような予測不可能性は，それぞれ気候モデル不確実性や排出シナリオ不確実性とよばれている．

作物に対する温暖化の影響評価の一例として，日

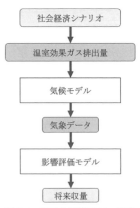

図5.6 温暖化影響評価の標準的スキーム

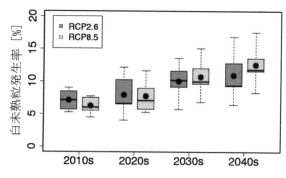

図5.7 日本の全国平均の白未熟粒
発生率の変化（%）
推計値のばらつきは5つの気候モデ
ルの結果を用いたことによる．箱ひ
げ内の点は平均値，線は中央値，ひ
げは最小値および最大値である．

本の水稲生産において大きな問題となっている白未熟粒発生に関する研究を紹介
する．白未熟粒は登熟期の高温によって多発することがさまざまな実験や圃場調
査からわかっており，温暖化によって被害の増大が懸念されている．一般に，白
未熟粒は砕けやすく加工時のロスをもたらし，最終的な収量を減少させる．また，
白未熟粒が多く含まれると検査等級を下げ，価格が下がるため，農家収入を減少
させることになる．Masutomi *et al.*（2019）は，日本の複数地点から収集したコ
シヒカリの圃場データをもとに，登熟期の平均気温を説明変数とし，白未熟粒発
生率を目的変数とした統計モデルを構築し，これを用いて将来の温暖化によって
白未熟粒発生率がどのように変化するかを評価した（図5.7）．これによると，
2040年代までに白未熟粒が著しく増加していくと予測された．　　　**[増冨祐司]**

■文献
Emberson, L.（2018）*European Journal of Agronomy*, **100**, 19-34.
Masutomi, Y.（2019）*Environmental Research Communication*, **1**, 121003.
Porter, J. R. *et al.*（2014）*Climate Change 2014: Impacts, Adaptation, and Vulnerability*（Field,
　C. B. *et al.* eds.）, pp. 485-533, Cambridge University Press.
UNEP（2019）*Air Pollution in Asia and the Pacific: Science-based Solutions.*
Yonekura, T. *et al.*（2005）*Journal of Agricultural Meteorology*, **60**, 1045-1048.

5.4　森林における樹木に対するオゾンの影響評価

5.4.1　はじめに

大気汚染物質であるオゾンは，気孔を通して葉内に取り込まれることで，植物
の光合成の低下を引き起こすことが知られている．そのため，将来的にオゾン濃

度が上昇した場合には，森林の光合成による炭素吸収量が低下することが懸念されている．これまでの樹木の光合成に関する多くのオゾン研究は，オゾン暴露設備の大きさの制限から苗木を中心とした比較的サイズの小さな個体を対象に行われてきた．しかしながら，森林へのオゾン影響を明らかにするためには，苗木レベルだけではなく，成木レベルや森林群落レベルでオゾン反応を調べることが重要である．

5.4.2　成木レベルでのオゾン影響

　苗木と成木の大きな違いとして，成木の樹冠内は光環境の変化が大きく，それにともなって葉の形態的・生理的特性が大きく変化するという点があげられる．樹冠上部の光が強く当たる環境では，葉は厚くなり，葉面積あたりの乾重量（leaf mass per area: LMA）と窒素含量が増加する．一方，樹冠下部の光が弱い環境では，葉は薄くなり，面積あたりの乾重量と窒素含量は低下する．光が強く当たる葉の窒素含量を増やし，光合成能力を上昇させること，同時に光が弱い環境では光合成能力を抑えて窒素含量を減らすことは，限られた窒素資源の分配を最適化することで樹冠全体の炭素吸収量を最大化することにつながる．

　葉面積あたりの乾重量とオゾン感受性に関しては，落葉樹と常緑樹を含む29樹種を対象とした研究で，LMAが小さくなるとオゾン感受性が増加することが報告されている．これは，単位葉面積あたりの抗酸化物質の量が減るためと考えられている．一方，樹冠上部の明るい環境で生育する葉は高い光合成速度を示すとともに，CO_2をより多く吸収するために気孔を開く（気孔コンダクタンスが大きくなる）ため，吸収するオゾン量は多くなり，オゾンによる負の影響が大きくなると考えられる．このように，樹冠内の光環境の違いは，葉の形態的・生理的な特性を変化させるとともに，オゾン感受性にも影響を与える要因となる．樹冠内の光環境は，少しの葉の位置の違いで大きく変化するため，樹冠上部の葉を陽葉とし，樹冠下部の葉を陰葉とするような大まかなくくりでは樹冠内の光環境を考慮したことにはならない．

　成木レベルのオゾン影響評価では，樹冠内の個々の葉の光環境を測定し，それぞれの葉のオゾン影響を調べる必要がある．しかしながら，樹冠内の光環境に着目した成木レベルでの野外開放系オゾン暴露の研究は限られる．研究例として，ヨーロッパブナ成木（樹齢60年，樹高約30 m）を対象としてオゾン暴露を行っ

たミュンヘン工科大学のグループの研究があげられる．また，日本国内では，ブナの若齢木（樹齢 10 年，樹高約 4 m）を対象として，樹冠内の光環境とオゾン感受性の関係を調べた北海道大学の開放系オゾン暴露試験が知られている（Watanabe *et al.,* 2014）．野外における開放系オゾン暴露試験の利点としては，より自然に近い条件でオゾンの影響を調べることができることであり，とくに施設の大きさの制限によりポット苗を使うことが多い閉鎖系の実験に対して，根の成長制限がない状態でオゾンの影響を調べることができる点があげられる．

　樹冠内の葉を対象とした研究において，生育する光環境と葉の形態との関係として，葉の成熟期の受光量が多くなるほど LMA が大きくなることが知られている．ヨーロッパブナの成木を対象とした研究では，比較的低濃度のオゾン処理（平均で 60 ppb 程度）では受光量と LMA との関係はほとんど影響を受けなかったため，オゾン処理にかかわらず LMA を葉が生育する光環境の指標として用いることが可能であった．同様の結果は，ブナ若齢木を用いた暴露試験でも認められている．ブナのような一斉開葉型の樹種は葉が完全展開した後の光環境の変化が小さいため，LMA を葉が生育する光環境の指標とする手法が有効である．樹冠内の光環境の指標として LMA を横軸に取り，光合成の特性を調べた結果，ヨーロッパブナの成木では光環境にかかわらずオゾン処理による気孔閉鎖とそれにともなう光合成速度の低下がみられた．また，多くの研究で報告されているように，オゾン処理による葉の呼吸量の増加も確認された．また，樹冠最下部のきわめて暗い環境下に生育する葉においては，オゾン処理による秋季の光合成活性の顕著な低下が認められた．LMA の低下による抗酸化物質の減少だけでなく，樹冠下部の非常に暗い環境下ではオゾンによる光合成の低下と呼吸の増加によって炭素収支をプラスに保つことができず，老化が促進された可能性がある．一方，ブナの若齢木を対象とした研究では，樹冠上部の光がよく当たる葉で顕著なオゾン影響が報告されている．樹種によるオゾン耐性の違いに加えて，オゾン吸収量の違いによって樹冠内に分布する葉のオゾンに対する反応が変化したと考えられる．また，多くの研究でオゾン暴露によって葉への光合成産物の分配が増加することが報告されており，樹幹の成長が抑えられることが示唆されている．森林の炭素固定による温室効果ガス削減機能に関しては樹幹への炭素固定が重要となるため，樹木に対するオゾンの影響評価においては光合成への影響とあわせて光合成産物の分配も考慮する必要がある．

5.4.3　森林群落レベルのオゾン影響評価

　オゾンの影響評価をする際には，オゾンの暴露量よりも，気孔を通して葉内に吸収されたオゾン吸収量を基準とした評価が重要である（Yamaguchi *et al.*, 2019）．そこで，森林群落レベルのオゾン影響を調べるために，フラックスタワーの観測データを利用して群落コンダクタンス（群落レベルでの気孔開閉を示す指標）を推定し，森林群落のオゾン吸収量を算出する研究が進められてきた．

　フラックス観測データから群落コンダクタンスを推定する際には，群落の蒸発散量を推定するペンマン・モンティース（Penman-Monteith）法が広く使われている．

$$\text{Penman-Monteith の式：} \lambda E = \frac{\Delta(R_n - G) + c_p \rho\, VPD/r_a}{\Delta + \gamma(1 + r_c/r_a)} \qquad (5.1)$$

ここで，λ：水の蒸発潜熱，E：蒸発散量，λE：潜熱フラックス，Δ：温度–飽和水蒸気圧曲線上の気温 T における接線の傾き，R_n：純放射量，G：地中貯熱，c_p：乾燥空気の定圧比熱，ρ：空気密度，VPD：飽差，r_a：空気力学的抵抗，γ：乾湿計定数，r_c：群落抵抗である．

　この式から群落抵抗（r_c）を導き出し，その逆数である $1/r_c$ が群落コンダクタンス（g_c）となる．

$$g_c = \frac{1}{r_c} = \frac{\gamma \lambda E/r_a}{\Delta(R_n - G) + c_p \rho\, VPD/r_a - (\Delta + \gamma)\lambda E} \qquad (5.2)$$

　Penman-Monteith 法で群落コンダクタンスを求める際には，フラックス観測によって測定される蒸発散量が主として林冠からの気孔を介した蒸散量とみなせることが前提となる．開葉・落葉期の林冠が閉じていない森林群落や降雨によって樹冠の葉の表面が濡れている場合は気孔を介さない蒸発散量を観測してしまうため，群落コンダクタンスを過大評価することになる．そのため，降雨が多く湿潤な気候を特徴とし，落葉広葉樹が広く分布する日本において，Penman-Monteith 法による生育期間を通しての群落コンダクタンスの推定は困難である．森林群落の積算オゾン吸収量を算出するためには，Penman-Monteith 法が適用できない開葉・落葉期および降雨時の群落コンダクタンスを推定する必要がある．

　気孔コンダクタンスに関しては，気孔コンダクタンスを光合成速度と関連づけて推定する経験式が Ball-Woodrow-Berry の式（BWB 式）として提唱されている．いくつかの式のバリエーションが存在するが，基本となる考え方は，気孔コ

ンダクタンスは光合成速度が高くなると大きくなり，乾燥条件では小さくなり，CO_2濃度が上昇すると小さくなるというものである．乾燥の指標としては相対湿度や水蒸気圧飽差を考慮し，土壌乾燥を考慮する場合もある．CO_2濃度に関しては，大気CO_2濃度もしくは葉内CO_2濃度を用いる場合がある．

$$\text{BWB 式}：g_s = g_{min} + \text{a}\, A\; rh / [CO_2] \tag{5.3}$$

これは個葉の気孔コンダクタンス（g_s）を表す比較的シンプルなBWB式の一例である．Aは光合成速度，rhは相対湿度，$[CO_2]$は大気CO_2濃度を示す．気孔コンダクタンスの最低値（g_{min}）と係数aは，条件を変えて測定したg_s，A，rh，$[CO_2]$の関係から回帰で求めることになる．これらの関係を森林群落レベルに置き換えると，g_sがPenman-Monteith法で求めた群落コンダクタンス（g_c）となり，Aがフラックス観測によって求めた総一次生産量（gross primary production: GPP），rhと$[CO_2]$が樹冠上部での相対湿度とCO_2濃度に相当する．

$$g_c = g_{min} + \text{a GPP}\; rh / [CO_2] \tag{5.4}$$

林冠が閉鎖している夏季で降雨などによって葉が濡れていない条件でPenman-Monteith法で算出した群落コンダクタンスとGPP，rh，$[CO_2]$から，BWB式のg_{min}とaを推定することで，降雨時および春季や秋季の開葉・落葉期の群落コンダクタンスの連続推定が可能となる．

　例として，落葉広葉樹であるミズナラが上層木として優占しており，下層木として常緑広葉樹であるソヨゴなどが混在するコナラ林において群落コンダクタンスの推定を行った研究を紹介する．コナラ林の林冠が閉鎖する夏季以外では，Penman-Monteith法で測定した群落コンダクタンスは想定外に高い値を示す（図5.8）．これは，土壌からの蒸発散が含まれることにより，本来であれば葉量の減少による低下がみられるはずの群落コンダクタンスを過大評価したことが原因として考えられる．一方，BWBモデルを用いて推定した群落コンダクタンスは，冬季に低く，開葉後に上昇して夏季に安定し，秋季に低下しており，葉の展開と落葉にあわせた季節変化を示すことになる．

　光合成と気孔コンダクタンスを関連づけたBWBモデルと並び，気孔コンダクタンスを葉齢，光量，気温，飽差およびオゾンなどのさまざまな環境変数の乗法的関数として表現したジャービス（Jarvis）型気孔コンダクタンスモデルもオゾン吸収量の推定のために広く使われている．BWBモデルが光合成の情報を必要とするのに対して，Jarvis型モデルは主として環境要因から推定を行うため，よ

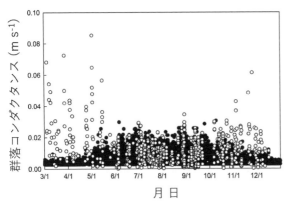

図5.8 Penman-Monteith 法で求めたコナラ林の群落コンダクタンス（白丸）と BWB モデルで推定した群落コンダクタンス（黒丸）の季節変化（Kitao *et al.*, 2014）フラックス測定は森林総合研究所山城試験地のコナラ（落葉広葉樹），ソヨゴ（常緑広葉樹）の混交林に設置したフラックスタワーで行った（http://www2.ffpri.go.jp/labs/flux/index.html, 2020 年 6 月 17 日アクセス）.

り広域での群落コンダクタンスの推定に適している．Penman-Monteith 法による群落コンダクタンスの推定→BWB モデルによる補正→Jarvis 型モデルの抽出という流れは，広域における森林群落のオゾン吸収量の推定と森林へのオゾン影響評価に有効である．

　森林に対するオゾンの影響として，BWB モデルによって補正した群落コンダクタンスを用いて，ブナ林とコナラ林のオゾン吸収量を算出して GPP との関係を調べた研究例を示す（Kitao *et al.*, 2016：図5.9）．日本においては，大気オゾン濃度は春に高い値を示すことが知られている．一方，群落コンダクタンスは，春先の葉が展開した直後は低く，葉の展開と成熟にともない夏季に最大値となる季節変化を示すため，オゾン濃度のピークと吸収のピークは必ずしも同時期にならない．このようなフェノロジーの観点からも，積算オゾン吸収量の推定が重要である．開葉からの積算オゾン吸収量と GPP の関係を調べたところ，春から夏にかけて，ブナ林とコナラ林における積算オゾン吸収量が多いほど GPP の値が高くなる傾向がみられ，オゾンによる刺激が葉の成熟を促進する可能性が示唆された．ブナ林においては，夏から秋にかけて積算オゾン吸収量が多くなるほど GPP が低くなり，葉の老化が促進されていることが示唆されたが，コナラ林では秋季のオゾンによる影響はみられなかった．ポット苗を用いた個葉レベルの光合成反応を調べた研究によると，積算オゾン吸収量に対するオゾン感受性はブナよりもコナラのほうが高いと報告されている（Yamaguchi *et al.*, 2019）．森林群落レベルでのブナ林とコナラ林のオゾン感受性の違いは，コナラ林の群落コンダクタンスがブナ林のそれに比べて低く，気孔を介した葉のオゾン吸収量が少なかったことに起

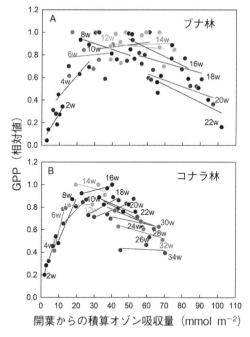

図5.9　森林群落レベルの積算オゾン吸収量が光飽和のGPPへ及ぼす影響（Kitao *et al.*, 2016）

森林総合研究所安比試験地（岩手）のブナ林と山城試験地（京都）のコナラ林を対象としてフラックス観測を行った．ブナ林は2001～2006年のデータを用い，コナラ林は2004, 2005, 2009年のデータを用いた．開葉開始から2週間の間隔で光-GPP曲線を算出し，光強度が1500 μmol m^{-2} s^{-1}に対応するGPPの値を光飽和のGPPとした．また，GPPの年次変動を考慮し，それぞれの測定年におけるGPPの最大値を1とした相対値で表している．

因すると考えられる．

5.4.4　森林レベルのオゾン影響評価

　フラックス観測による森林群落のオゾン影響評価が数百 m 程度の範囲を対象とするのに対して，さらに広範囲の影響評価を行うためには衛星データを用いたリモートセンシングの研究が有望視されている．詳細は5.2節に譲るが，なかでも太陽光誘導蛍光（solar-induced fluorescence: SIF）は葉が吸収した光エネルギーの電子伝達による消費と熱による放散を反映して変化するため，比較的短時間の生理反応を考慮して，GPP を推定するために有効であると考えられている．光エネルギーを変換して生じた電子伝達は，光合成だけでなく，光呼吸にも使われる．土壌が乾燥していない条件では，光合成と光呼吸の割合はほぼ一定に保たれており，クロロフィル蛍光から推定される電子伝達速度と光合成速度の間には直線的関係が認められる．しかしながら，乾燥などによって気孔が閉鎖する条件下では，葉内 CO_2 濃度が低下することで光合成に対する光呼吸の割合が増加するため，電子伝達速度と光合成速度の関係が変化する．湿潤条件下での関係式を用いた場合，

電子伝達速度から求めた乾燥時の光合成速度は過大評価となる．森林群落での気孔反応の推定はオゾンの影響評価を行う際の積算オゾン吸収量を正確に算出する際に重要であるが，同時に乾燥条件下でリモートセンシングを用いて森林の炭素吸収量を推定する際にも考慮すべき要因となる．オゾン研究の中で培われてきた群落コンダクタンスの推定法は，リモートセンシングを用いた森林の炭素固定機能の広域影響評価にとっても重要であり，今後の研究が期待される．

[北尾光俊]

■文献
Kitao, M. *et al.*（2009）*Environmental Pollution*, **157**, 537-544.
Kitao, M. *et al.*（2014）*Environmental Pollution*, **184**, 457-463.
Kitao, M. *et al.*（2016）*Scientific Reports*, **6**, 32549.
Watanabe, M. *et al.*（2014）*Environmental Pollution*, **184**, 682-689.
Yamaguchi, M. *et al.*（2019）*Forests*, **10**, 556.

索　引

編著者略歴

伊豆田　猛
(いずた　たけし)

1960 年　神奈川県に生まれる
1989 年　東京農工大学大学院 連合農学研究科 博士課程修了
現　在　東京農工大学大学院 農学研究院 教授

大気環境と植物　　　　　　　　　　　定価はカバーに表示

2020 年 10 月 1 日　初版第 1 刷

編著者　伊　豆　田　　猛

発行者　朝　倉　誠　造

発行所　株式会社　朝　倉　書　店
　　　　東京都新宿区新小川町 6-29
　　　　郵 便 番 号　162-8707
　　　　電　話　03(3260)0141
　　　　F A X　03(3260)0180
　　　　http://www.asakura.co.jp

〈検印省略〉

新日本印刷・渡辺製本

ISBN 978-4-254-42045-6　C 3061　　　　Printed in Japan

© 2020 〈無断複写・転載を禁ず〉

JCOPY 〈出版者著作権管理機構 委託出版物〉

本書の無断複写は著作権法上での例外を除き禁じられています．複写される場合は，
そのつど事前に，出版者著作権管理機構（電話 03-5244-5088，FAX 03-5244-5089，
e-mail: info@jcopy.or.jp）の許諾を得てください．

前東京大 大政謙次・前九大 北野雅治他編

農業気象・環境学 （第3版）

44030-0 C3061　　　　A 5 判 212頁 本体3600円

農業に関わる地表近くの気象，環境の変化と農業の関わりなどを解説〔内容〕気象の仕組み／天気と気候／地表近くの気象環境／作物の気象反応／農業気象災害とその対策／耕地と施設内の環境調節／環境変動と農林生態系／農業気象の調査法

前農工大 戸塚 績編著

大気・水・土壌の環境浄化 みどりによる環境改善

18044-2 C3040　　　　B 5 判 160頁 本体3600円

植物の生理的機能を基礎に，植生・緑による環境改善機能と定量的な評価方法をまとめる。〔内容〕植物・植栽の大気浄化機能／緑地整備／都市気候改善機能／室内空気汚染改善法／水環境浄化機能（深水域・海水域）／土壌環境浄化機能

環境研 秋元 肇著
朝倉化学大系 8

大 気 反 応 化 学

14638-7 C3343　　　　A 5 判 432頁 本体8500円

レファレンスとしても有用な上級向け教科書〔内容〕大気化学序説／化学反応の基礎／大気光化学の基礎／大気分子の吸収スペクトルと光分解反応／大気中の均一素反応と速度定数／大気中の不均一反応と取り込み係数／対流圏／成層圏

京大 川島茂人著

大 気 生 物 学 入 門

17170-9 C3045　　　　A 5 判 136頁 本体2400円

大気環境と，その中を浮遊する微小な生物との動的なかかわりを解析する「大気生物学」のテキスト。〔内容〕大気生物の輸送過程／スギ花粉と気象／発生と拡散過程のモデル化／作物の交雑率と気象／空中花粉モニターの開発／黄砂の拡散／他

大気環境学会編

大 気 環 境 の 事 典

18054-1 C3540　　　　A 5 判 464頁 本体13000円

PM2.5や対流圏オゾンによる汚染など，大気環境問題は都市，国，大陸を超える。また，ヒトや農作物への影響だけでなく，気候変動，生態系影響など多くの様々な問題に複雑に関連する。この実態を把握，現象を理解し，有効な対策を考える上で必要な科学知を，総合的に基礎からわかりやすく解説。手法，実態，過程，影響，対策，地球環境の6つの軸で整理した各論（各項目見開き2頁）に加え，主要物質の特性をまとめた物質編，タイムリーなキーワードをとりあげたコラムも充実

F.R.スペルマン・N.E.ホワイティング著
東大 住 明正監修 前環境研 原澤英夫監訳

環境のための 数学・統計学ハンドブック

18051-0 C3040　　　　A 5 判 840頁 本体20000円

環境工学の技術者や環境調査の実務者に必要とされる広汎な数理的知識を一冊に集約。単位換算などごく基礎的な数理的操作から，各種数学公式，計算手法，モデル，アルゴリズムなどを，多数の具体的例題を用いながら解説する実践志向の書。各章は大気・土壌・水など分析領域ごとに体系的・教科書的な流れで構成。〔内容〕数値計算の基礎／統計基礎／環境経済／工学／土質力学／バイオマス／水力学／健康リスク／ガス排出／微粒子排出／流水・静水・地下水／廃水／雨水流

日本ヒートアイランド学会編

ヒートアイランドの事典
―仕組みを知り，対策を図る―

18050-3 C3540　　　　A 5 判 352頁 本体7400円

近年のヒートアイランド(HI)現象の影響が大きな社会問題となっている。本書はHI現象の仕組みだけでなく，その対策手法・施工法などについて詳述し，実務者だけでなく多くの市民にもわかりやすく2～6頁の各項目に分けて解説。〔内容〕HI現象の基礎（生活にもたらす影響，なぜ起こるのか，計測方法，数値解析による予測，自治体による対策指針）／HI対策（緑化による緩和，都市計画・機器，排熱・蒸発・反射による緩和）／HI関連情報（まちづくりの事例，街区・建物の事例など）

前東大 田付貞洋・元筑波大 生井兵治編

農 学 と は 何 か

40024-3 C3061　　　　　B5判 192頁 本体3200円

人の生活の根本にかかわる学問でありながら，具体的な内容はあまり知らない人も多い「農学」。日本の農学をリードしてきた第一線の研究者達が，「農学とは何をする学問か？」「農学と実際の『農』はどう繋がっているのか？」を丁寧に解説する。

龍谷大 大門弘幸編著
見てわかる農学シリーズ 3

作 物 学 概 論 （第2版）

40548-4 C3361　　　　　B5判 208頁 本体3800円

作物学の平易なテキストの改訂版。図や写真を多数カラーで収録し，コラムや用語解説も含め「見やすく」「わかりやすい」構成とした。〔内容〕総論(作物の起源／成長と生理／栽培管理と環境保全)，各論(イネ／ムギ／雑穀／マメ／イモ)／他

前東農大 今西英雄・東農大 小池安比古編著
見てわかる農学シリーズ 2

園 芸 学 入 門 （第2版）

40550-7 C3361　　　　　B5判 160頁 本体3500円

園芸学の定番入門書テキストの改訂版。多数の図表や用語解説，コラムを掲載した「見やすく」「わかりやすい」構成。〔内容〕園芸作物の種類と分類／形態／育種／繁殖／発育の生理／生育環境と栽培／施設園芸／品質と収穫後管理

龍谷大 米森敬三編集

果 樹 園 芸 学

41037-2 C3061　　　　　A5判 240頁 本体3800円

新たに得られた研究成果を盛り込んだ，定番テキストの改訂版。〔内容〕果樹園芸の特徴，生産，消費動向／種類と品種／環境と果樹の生態／育種／繁殖／開園と植栽／花芽形成と結果習性／受精と結実／果実の発育，成熟，収穫後生理／他

東農大 森田茂紀編著
シリーズ〈農学リテラシー〉

エ ネ ル ギ ー 作 物 学

40562-0 C3361　　　　　A5判 180頁 本体3000円

これからのエネルギー情勢を見据え，ますます重要になる再生可能エネルギーの1つ，バイオエネルギーの原料となるエネルギー作物を対象とした作物学・栽培学の教科書。食料との競合問題から非食用作物・非農地栽培といった視点を重視。

農工大 豊田剛己編
実践土壌学シリーズ 1

土 壌 微 生 物 学

43571-9 C3361　　　　　A5判 208頁 本体3600円

代表的な土壌微生物の生態，植物との相互作用，物質循環など土壌中での機能の解説。〔内容〕土壌構造／植物根圏／微生物の分類／研究手法／窒素循環／硝化／窒素固定／リン／病原微生物／菌類／水田／畑／森林／環境汚染

福島大 金子信博編
実践土壌学シリーズ 2

土 壌 生 態 学

43572-6 C3361　　　　　A5判 216頁 本体3600円

代表的な土壌生物の生態・機能，土壌微生物や植物との相互作用，土壌中での機能を解説。〔内容〕原生生物／線虫／土壌節足動物／ミミズ／有機物分解・物質循環／根系／土壌食物網と地上生態系／森林管理／保全型農業／地球環境問題

千葉大 犬伏和之編
実践土壌学シリーズ 3

土 壌 生 化 学

43573-3 C3361　　　　　A5判 192頁 本体3600円

土壌の生化学的性質や，土壌中のその他の生体元素や物質循環との関係を説明する。〔内容〕物質循環／微生物／炭素循環／土壌有機態炭素／堆肥／合成有機物／窒素循環／リン・イオウ・鉄／共生／土壌酵素／土壌質／分子生物学／地球環境

東大 西村 拓編
実践土壌学シリーズ 4

土 壌 物 理 学

43574-0 C3361　　　　　A5判 212頁 本体3600円

土壌の物理学的性質や移動現象，実際の現場で発生する諸問題との関係を説明する。〔内容〕土の固相／土壌中の水・物質移動／土壌の変形と構造変化／温室効果ガス排出／塩類化／アルカリ化／水質汚濁／気象障害／土壌侵食／数値解析

前農工大 岡崎正規編
実践土壌学シリーズ 5

土 壌 環 境 学

43575-7 C3361　　　　　A5判 216頁 本体3600円

地域レベル〜地球レベルまでの環境と土壌との関わりを解説する。〔内容〕土壌環境学とは：機能，人との関係，資源／低地・都市・里山・山地・急傾斜地／汚染と修復／地球温暖化・乾燥・森林破壊／モニタリングとアセスメント・改善と管理

前気象研 中澤哲夫編
東海大 中島 孝・名前大 中村健治著
気象学の新潮流 3

大 気 と 雨 の 衛 星 観 測

16773-3 C3344 　　　　A 5 判 180頁 本体2900円

衛星観測の基本的な原理から目的別の気象観測の仕組みまで，衛星観測の最新知見をわかりやすく解説。〔内容〕大気の衛星観測／降水の衛星観測／衛星軌道／ライダー・レーダー／TRMM／GPM／環境汚染／放射伝達／放射収支／偏光観測

東大 木本昌秀著
気象学の新潮流 5

「 異 常 気 象 」の 考 え 方

16775-7 C3344 　　　　A 5 判 232頁 本体3500円

異常気象を軸に全地球的な気象について，その見方・考え方を解説。〔内容〕異常気象とは／大気大循環（偏西風，熱帯の大循環）／大気循環のゆらぎ（ロスビー波，テレコネクション）／気候変動（エルニーニョ，地球温暖化）／異常気象の予測

日大 山川修治・True Data 常盤勝美・
立正大 渡来 靖編

気 候 変 動 の 事 典

16129-8 C3544 　　　　A 5 判 472頁 本体8500円

気候変動による自然環境や社会活動への影響やその利用について幅広い話題を読切り形式で解説。〔内容〕気象気候災害／減災のためのリスク管理／地球温暖化／IPCC報告書／生物・植物への影響／農業・水資源への影響／健康・疾病への影響／交通・観光への影響／大気・海洋相互作用からさぐる気候変動／極域・雪氷圏からみた気候変動／太陽活動・宇宙規模の運動からさぐる気候変動／世界の気候区分／気候環境の時代変遷／古気候・古環境変遷／自然エネルギーの利活用／環境教育

前気象庁 新田 尚監修 　前気象庁 酒井重典・
前気象庁 鈴木和史・前気象庁 饒村 曜編

気 象 災 害 の 事 典
─日本の四季と猛威・防災─

16127-4 C3544 　　　　A 5 判 576頁 本体12000円

日本の気象災害現象について，四季ごとに追ってまとめ，防災まで言及したもの。〔春の現象〕風／雨／気温／湿度／視程〔梅雨の現象〕種類／梅雨災害／雨量／風／地面現象〔夏の現象〕雷／高温／低温／風／台風／大気汚染／突風／都市化〔秋雨の現象〕台風災害／潮位／秋雨〔秋の現象〕霧／放射／乾燥／風〔冬の現象〕大雪／なだれ／雪・着雪／流氷／風／雷〔防災・災害対応〕防災情報の種類と着眼点／法律／これからの防災気象情報〔世界の気象災害〕〔日本・世界の気象災害年表〕

P.L.ハンコック・B.J.スキナー編
井田喜明・木村龍治・鳥海光弘監訳

地 球 大 百 科 事 典 (上)
─地球物理編─

16054-3 C3544 　　　　B 5 判 600頁 本体18000円

地球に関するすべての科学的蓄積を約350項目に細分して詳細に解説した初の書であり，地球の全貌が理解できる待望の50音順中項目大総合事典。多種多様な側面から我々の住む「地球」に迫る画期的百科事典であり，オックスフォード大学出版局の名著を第一線の専門家が翻訳。〔上巻の内容〕大気と大気学／気候と気候変動／地球科学／地球化学／地球物理学（地震・磁場・内部構造）／海洋学／惑星科学と太陽系／プレートテクトニクス，大陸移動説等の分野350項目。

P.L.ハンコック・B.J.スキナー編
井田喜明・木村龍治・鳥海光弘監訳

地 球 大 百 科 事 典 (下)
─地質編─

16055-0 C3544 　　　　B 5 判 816頁 本体24000円

地球に関するすべての科学的蓄積を約500項目に細分して詳細に解説した初の書であり，地球の全貌が理解できる待望の50音順中項目の大総合事典。多種多様な側面から我々の住む「地球」に迫る画期的百科事典であり，オックスフォード大学出版局の名著を第一線の専門家が翻訳。〔下巻の内容〕地質年代と層位学／構造地質学／堆積物と堆積学／地形学・氷河学・土壌学／環境地質学／海洋地質学／岩石学／鉱物学／古生物学とパレオバイオロジー等の分野500項目。

上記価格（税別）は 2020 年 9 月現在